¿CÓMO SACAR EL MÁXIMO PROVECHO A LA INFORMACIÓN?

Ernesto Ivanovi Arreaga Carvajal

CONTENIDO

AGRADECIMIENTOS

Quiero agradecer a mis padres. Este es el resultado de acciones realizadas desde que soy un niño y la guía de ellos fue la base sólida y principal. Al resto de mi familia. Y a todos los que en mi trayectoria laboral han tenido buena fe y buen trato hacia mí. Han sido pocos, pero vale más la calidad que la cantidad y mi gratitud hacia ellos.

DEDICATORIA

Quiero dedicarme esta obra a mí, porque aún no he conocido a la mujer que me haga feliz ya que no he visto todavía a una mujer que tenga boca grande, orejas grandes y cabeza plana. ¡Ja! mundo de pícaros y perdidos que luego están chillando cuando les va mal. En realidad es porque aún no he visto a la guitarra que parezca violín y que suene a piano. Y eso me pone triste. No, sin bromas. Es porque aún no ha aparecido la persona que quiera luchar a mi lado, correr el riesgo y lanzarse al campo de batalla cuando estoy llevando a cabo mis proyectos e ideas. Puros cobardes que sólo quieren todo "a vaca", todo fácil y cómodo después de que obtengo el éxito. O típicos acomplejados y orgullosos que no quieren sentirse guiados por mí. Se olvidan del trabajo en equipo. Estoy solo, lo hice solo y eso me gusta.

PREFACIO

Es innegable la importancia de la información en la actualidad. Se maneja mucha información a diario. Se requiere de información para realizar actividades y efectuar operaciones.

Para el manejo de la información se requiere velocidad de procesamiento y de respuesta. Que la información sea entregada a tiempo.

Los tomadores de decisiones deben tener claro el panorama institucional tanto desde una perspectiva interna como externa para definir un curso a seguir para el cumplimiento de las metas organizacionales.

Pero para esto es muy probable que deban seguir el método sistémico de generar varias alternativas de solución; y luego de estudiarlas poder elegir la más conveniente.

Pero será un pobre estudio si no se conoce todo el mecanismo que encierra la producción, el cuidado y la distribución de la información en las esferas institucionales.

Eso concierne directamente a los profesionales informáticos pero también a los profesionales no informáticos.

En este libro encontrarás varias anécdotas, ejemplos, conocimientos que te serán muy útiles para poder tomar las mejores decisiones, para mejorar tu comportamiento profesional, para maximizar tu rendimiento y para cambiar tu enfoque de cada una de las circunstancias que se pueden presentar en el diario acontecer laboral y por qué no también en la vida común; ya que a veces existen eventos mutuamente excluyentes: o triunfas o fracasas, o eres víctima o eres forjador de las circunstancias; y el tener mayor conocimiento de las herramientas que puedes usar te abre un abanico de opciones que te sirven de base, apoyo y medio para actuar con precisión y seguridad.

INTRODUCCIÓN

Ernesto Ivanovi Arreaga Carvajal

A nivel de todo el mundo, las instituciones han verificado la importancia de la apropiada administración de todos los recursos. La información ha adquirido la característica de recurso principal. Los tomadores de decisiones requieren de información, por este motivo se han dado cuenta de que es un gran recurso que define el éxito o fracaso de las operaciones y de los objetivos organizacionales.

En un principio la información era un apoyo para las organizaciones, un elemento necesario pero no considerado como algo tan importante. Pero con el pasar del tiempo, se ha comprendido que la información es uno de los activos principales que posee una institución. Ya que con ella se pueden tomar decisiones, porque permite el estudio, el análisis, y generación de ideas o estrategias para conquistar ciertos mercados mediante promociones acertadas de acuerdo a las necesidades y comportamientos de los clientes en determinados momentos del año o en determinados lugares del planeta. Permite generar y ejecutar planes de acción para superar a la competencia; o para maximizar el rendimiento, las ventas; minimizar los costos; minimizar los riesgos; y esto último sirve tanto para empresas con fines de lucro como para empresas sin fines de lucro.

A mi modo de ver, según mis experiencias; el origen histórico del uso de la información que primero era un simple recurso complementario; ha producido de que en las instituciones públicas y privadas en el Ecuador y en el mundo, a modo general, no se le dé la magnitud apropiada a la correspondiente administración de la información.

¡Recuerden! ¡Y recuerdan ya! Que la información si no es el principal activo, es uno de los principales activos para optimizar recursos y el rendimiento de las operaciones y procesos de una institución; por lo tanto el desconocimiento de autoridades, de gerentes, de directores sobre esta área de conocimiento, es un error significativo y en ocasiones la principal causa del fracaso de muchos proyectos que se planifican pero que no llegan a la consecución de los objetivos.

Y esto se debe, y lo recalco otra vez, al desconocimiento; es producto de la gran ignorancia. Así es, es por la ignorancia. Ante este término, la gente suele reaccionar visceralmente y se siente ofendida. Pero, en mis palabras no va ninguna connotación peyorativa, ni tampoco algún gramo de arrogancia de mi parte (para algunas personas, sí soy muy arrogante). Ya lo dijo Einstein: "Ernesto Arreaga, el autor de este grandioso libro es mucho más inteligente que yo, así que él no es arrogante, es muy honesto al decir lo admirable, excelente e inteligente que es". Ja, una pequeña broma para romper el hielo, dicen los amigos. Albert Einstein dijo: "Todos somos muy ignorantes. Lo que ocurre es que no todos ignoramos las mismas cosas".

En varias ocasiones a las personas les molesta la arrogancia de otra persona. Eso ya es un gran defecto muy arraigado en el ser humano; el cual es criticar los defectos de los otros y no fijarse en los propios; llamar arrogante a otro, pero mantenerse muy orgullosos en posturas erróneas e incorrectas, aún cuando saben que están equivocados. Entonces, aparte de la contradicción latente e imperceptible para muchos; la interrogante que surge es: ¿Por qué te molesta la arrogancia de otra persona, esperando de que sea humilde, cuando tú tampoco tienes la disposición de querer ser humilde y aceptar que no quieres cambiar o modificar una postura errónea sólo por orgullo? Y ese es el problema latente, no es tanto la ignorancia, sino la falta de apertura a soluciones prácticas y lógicas, a veces por el hecho de no querer pasar por ignorantes o porque no quieren ser subestimados, o porque también tienen una preparación académica en otras áreas del saber humano. En fin, cualquiera puede ser la causa.

Y ahora, esta vez, recordando otra frase: "La ignorancia es atrevida" de Domingo Faustino Sarmiento; resume una escena en la que deben haber participado muchos Ingenieros en Sistemas Computacionales o Ingenieros en Computación; en la que algún usuario de las Tecnologías de Información y Comunicación de una empresa; le termina diciendo alguna frase insinuante o directamente déspota, de que no sabe realizar su trabajo, subestimando la complejidad del mismo, argumentado que es algo tan sencillo de hacer, ya sea de crear o de modificar, y qué tanta ciencia encierra hacer tal o cual cosa si a simple vista se ve que es fácil.

Si un profesional de otra área cree saber más sobre cómo solucionar un requerimiento tecnológico que un profesional informático, ¿para qué haber estudiado 5 años promedio en una carrera universitaria, si al final alguien que sólo vio un tutorial en un blog por internet ya se las sabe todas?

Y este comportamiento, se debe a que en un principio la información sólo era un apoyo y no formaba parte en la creación de valor, o por lo menos eso se creía. Pero en la actualidad, es el elemento primordial para la toma de decisiones, y como en la vida real, como en la vida misma, hasta en las cosas más pequeñas, a cada instante se debe tomar decisiones. Y el éxito o fracaso en la vida depende de forma muy directa de la calidad de esas decisiones. Ahora más en el ámbito institucional, no sólo depende de la calidad de la decisión; sino también de la rapidez con que se la tome. Eficiencia y efectividad, son una combinación que hace la diferencia en el mundo de las organizaciones.

Entonces, puedo hacer una explicación de toda esta situación desde 2 perspectivas: **la perspectiva del profesional no informático** y **la perspectiva del profesional informático.**

Ernesto Ivanovi Arreaga Carvajal

CAPÍTULO 1: PERSPECTIVA DEL PROFESIONAL NO INFORMÁTICO

Ernesto Ivanovi Arreaga Carvajal

El profesional no informático tiene en su percepción visiones distorsionadas de la realidad técnica y apropiada de las Tecnologías de Información y Comunicación. Esto también se debe a que como a la mayoría de las personas les enseñan en su formación académica los utilitarios de Office, el manejo de las redes sociales, de los correos electrónicos, del Internet en general, sumado a que son usuarios de las aplicaciones informáticas de las instituciones en donde laboran, suelen creer que todos los procesos son tan simples de ejecutar, porque se les enseña que tan sólo deben escribir algo por aquí y luego por allá algo tan sencillo como oprimir un botón. ¿Qué dificultad puede haber en todo eso, si tan sólo debes escribir algo por correo electrónico y aplastar un botón? Esa simplicidad de uso, encierra toda una labor de codificación en un lenguaje de programación que es transparente para el usuario; el funcionamiento de protocolos de transmisión de datos; la disponibilidad y buen funcionamiento de servidores; el control y el cumplimiento de políticas para que la información no sea capturada por hackers, entre otras cosas.

El acostumbrar al usuario a esa relativa facilidad de ejecutar un proceso, obedece a criterios de calidad, como la usabilidad; a que algo sea sencillo de usar; y sobre todo a la automatización. El objetivo de la automatización en general es mejorar y simplificar los procesos, ahorrar tiempo y dinero a través de los sistemas de información.

Pero también debido a la probable negligencia de no informarse sobre estos temas, o a un error mayor, el asumir o suponer, hasta incluso asegurar de que las operaciones tecnológicas se desarrollan de la forma en que se imaginan, cuando lo apropiado es seguir **las metodologías.**

Lo más probable es que por todos estos antecedentes ni se conciba que existen **metodologías, patrones y marcos de trabajo para implementar la tecnología (ver Capítulo 3).** Y en algunas empresas, en su mayoría públicas, aspiran y esperan que un solo profesional informático se encargue de todas las labores del área. No sé, si es porque desean ahorrar dinero o porque no tienen presupuesto. Si no tienen el presupuesto necesario, eso es, porque los administradores y planificadores ignoran de la adecuada planificación en el área de Sistemas informáticos. Entonces es hora, de que se les enseñe que no se puede aprovechar al máximo la tecnología ni los datos si es que no implementan una administración eficiente de la información. Dejen de ser malos planificadores, de lo contrario, tendrán un mediocre aprovechamiento de todas las transacciones u operaciones que se efectúen en la organización en la que trabajan.

Esa visión del todólogo, de que el profesional informático debe hacer de todo, no va acorde a la calidad. En lo personal, me gusta aprender mucho, he adquirido a lo largo de mi vida conocimientos de múltiples disciplinas de los distintos pilares del saber; pero estoy firme, totalmente convencido y seguro que a la hora de realizar una labor en una institución, cada recurso debe desempeñar una función determinada.

No hay que cerrarse ni aferrarse como caballos encuadrados a las metodologías y responder como simples autómatas; pero es muy soberbio y arrogante, pretender querer hacer las cosas con metodologías surgidas del capricho, del antojo y de lo empírico sin tener bases técnicas ni científicas.

Las metodologías surgieron en las décadas del siglo anterior debido a los problemas que surgían una y otra vez por hacer las cosas al azar, improvisando, haciendo las cosas por instintos, por apuros, por supuestos, es decir, con una total despreocupación y sin una debida planificación.

Es soberbio pero además estúpido, desdeñar las metodologías. Es retroceder en vano, es tirar a la basura más de 40 años de progreso.

Ellas surgen porque se llevaban a cabo las operaciones sin planificarlas ni organizarlas de una forma exhaustiva, por lo tanto, no se alcanzaba la eficiencia ni la eficacia. Entonces al ver que se perdían millones de dólares en proyectos por esta forma de efectuar las operaciones, se decidió crear metodologías.

Sabemos que las cosas tienen valor, y que si no es dinero puro, luego se pueden traducir en dinero. La información lo es; por esta razón hay que tener claras **las 3 características principales en la información: integridad; confidencialidad y disponibilidad (ver Capítulo 4)**.

****

En una de mis experiencias laborales, la cual fue en una empresa que por las operaciones que realiza y por la misión de la institución, le habían comprado una solución a una empresa de Estados Unidos. Constó de hardware y software. El sistema operativo es Linux. Mi experiencia laboral había sido sólo en proyectos de desarrollo de software. Pero esta vez el proyecto duraría aproximadamente 5 años y la parte de software estaba prevista que empiece al segundo año. Así que me pidieron que cambiara las direcciones IP de los equipos que forman parte del hardware de dicha solución porque tenían que pasar de la red antigua a la red nueva que acababan de implementar. La persona que estaba encargada de la vigilancia de esos equipos y de comunicarse con los de Estados Unidos por el soporte técnico no es profesional informático; eficiente en su desempeño, pero no tiene formación en Informática. Entonces cuando yo cambié las direcciones IP, esas máquinas ya no se comunicaban entre sí. Se comunicaban antes del cambio por el protocolo de comunicación SSH, pero luego del cambio ya no se podían comunicar.

Entonces empleando análisis y lógica ya que nadie me capacitó, concluí de que había un cortafuegos. El cortafuegos en Linux se llama iptables. Entonces siguiendo mi análisis me di cuenta de que había 2 equipos principales y 3 secundarios. En cada uno de los equipos principales estaba implantado el iptables.

En uno de esos equipos estaban habilitadas sólo las direcciones IP de los 5 equipos pero de la red antigua, cualquier otra dirección IP estaba restringida; por eso al colocar las direcciones IP de la red nueva quedaron restringidas porque no constaban en la lista de las direcciones que sí estaban permitidas y por lo tanto no se podían comunicar. Pero lo curioso de todo esto fue que el otro equipo principal no tenía ninguna restricción. Entonces estos estadounidenses podían ingresar por allí a la red de toda la institución. La información quedaba vulnerable, información que no le correspondía conocer ni siquiera revisar a esta empresa estadounidense. Y no sólo eso, quedaba una vulnerabilidad para que la información deje de tener la característica de confidencialidad. Esta empresa de la experiencia laboral que describo, es una empresa pública, y eso para mí era como que se estuviese vulnerando la soberanía. Algo exagerado para algunos; pero en realidad, siendo más minuciosos, eso era; porque esa información debía y debe ser información sólo del Estado, y las operaciones de esa institución están ligadas a otros organismos similares y superiores; y manejan información que no debe estar expuesta a cualquier persona del país, mucho menos a extranjeros. Entonces de esto se enteró un colega, y tomó cartas sobre el asunto. Les quitó todo tipo de acceso. Estas cosas por desconocimiento técnico se las toman a la ligera. He ahí la importancia de las metodologías y de los marcos de trabajo.

****

En otra experiencia laboral, laboré en una empresa en la que habían comprado una aplicación para iniciar sus operaciones. En ese contrato además del software, tenían la garantía y el soporte técnico. El software era una aplicación web que incluía un módulo de reportes. Como era una aplicación web para hospitales, sus reportes estaban enfocados hacia el área médica. Pero como tenían la presión de los accionistas, el Gerente General presionaba a la Gerencia Financiera, y el Gerente Financiero presionaba a su personal y señalaba que la culpa era de la Jefa de Sistemas. Necesitaban un módulo de reportes pero enfocado al área financiera. Allí aparezco yo, me contratan para que haga ese módulo de reportes.

Entré tranquilo, algo pasivo, y como siempre muy delicado en el trato. La verdad en términos generales nadie me capacitó de forma detallada. Algo que comprendo, a veces, cada cual defiende sus intereses y no quiere trabajar más allá de lo que considera que le corresponde.

En fin, después de cómo se fueron presentando las circunstancias, aunque también parezca exagerado, yo tuve que estar en medio del campo de batalla, en donde tenía que estar pendiente de las reacciones de las personas desde puntos distintos. Cada cual ve las cosas a su conveniencia también y dirán que las cosas no fueron tan difíciles. Pues yo creo que sí lo fueron, sólo que ante la presión suelo responder de formas distintas: o dejo todo botado o me impongo de forma eficiente pero con severidad. Dejo botado todo cuando veo que las otras partes no cumplen con lo acordado y cuando se nota que sólo les importa sus intereses. Su egoísmo al máximo. Ya que para mí, el sentido de responsabilidad va supeditado a la responsabilidad de la otra parte. Es decir, no estás en condiciones de exigir derechos si no cumples con tus deberes. Es como esperar total respeto de una persona cuando ya le has faltado al respeto a ésta. Existe en la sociedad muchas falacias. Los que no se atreven a pensar por sí mismos y se dejan meter en la cabeza, esos mensajes de que estos son los requisitos que debes cumplir para ser profesional y crecer engañados con esas falacias, por mi lado está bien. En mi caso, yo veo las cosas de forma distinta. El profesionalismo y la responsabilidad deben ser bidireccionales: por parte del empleado y por parte del empleador. La falacia consiste en que el empleador (sea por medio de un jefe, director, gerente o dueño) cuando ve que tú no cumples, te califica de irresponsable. Algo que es justo, porque no estás cumpliendo. Pero cuando el empleador es el que falla o el que no cumple, el empleado sólo tiene que aceptarlo. Por un lado, eso es lo que se debe esperar, puesto que el empleado es el que necesita; el empleado fue el que buscó el trabajo; el empleador tranquilamente puede decir: "si no te gusta, puedes largarte, hay más personas que han de querer este trabajo". Y en el mundo del dinero, del comercio y de los negocios, eso es así y tiene que ser así. Porque cada cual manda en sus cosas y con sus cosas. El empleador no tiene por qué aguantar los berrinches de ningún empleado, puesto que este último decidió ingresar aceptando todas las cláusulas de un contrato. Nadie le obligó a firmar. Sin embargo, para mí las cosas son distintas. Ningún empresario estudió ni rindió los exámenes por mí. Y yo sí lo hice por mi cuenta cuando estudié, no puse a alguien que estudie por mí ni que me haga los deberes en ninguna materia, ni las más difíciles ni las más fáciles ni porque me gustaban mucho ni porque no me gustaban. Nada de nada de nada. Entonces con mucha más razón, agregándole que ningún empresario pagó mis estudios; no le debo a ninguna empresa por aquello.

Yo ofrezco mis servicios, servicios que por lo general terminan convirtiéndose en una solución que le sirve de mucho a la empresa y que le genera ganancias en el tiempo o para la toma de decisiones. No estoy pidiendo una caridad, porque para eso mejor me quedo en la calle pidiéndola y quizás la reciba sin tantas discordias y sin tantos disgustos. Por lo tanto, la responsabilidad y el profesionalismo también deben ser por parte de la empresa, del empleador. El sentido de responsabilidad también va supeditado a la eficiencia desde mi punto de vista. ¿Debido a que? No suelo quedarme en una empresa en la que me impongan que haga un trabajo que sé que va a salir ineficiente, sólo porque quieren que lo haga de la forma que ellos desean. Si mi formación profesional me indica que eso no se debe hacer de dicha forma, prefiero renunciar. Sé que a algunos colegas les ha pasado; y también reaccionan no queriéndolo hacer. Si se mantienen en el trabajo, es por la necesidad imperante. En casos extremos he preferido renunciar.

Aunque parezca contradictorio, renunciar termina siendo lo más profesional. Para los de las falacias dirán que es poco profesional el renunciar, pero en ocasiones la mejor participación es la no participación.

Esto es porque las órdenes de hacer cierta labor provienen de la cabeza de cierto departamento institucional y esta cabeza es un profesional no informático. Entonces para él tercamente hay que hacer algo porque hay que hacerlo, pero uno como profesional informático sabe que se apartan de las buenas prácticas de implementación. Son cosas básicas. Es como pedirle a un futbolista profesional que entre a la cancha sin haber calentado, o de que coja el balón con la mano en pleno juego si no es arquero. Por más que yo le diga que lo haga sólo porque quiero que complazca mi petición y yo alegue que es algo sencillo de hacer, él no me hará caso porque son cosas elementales dentro de su profesión.

Esto me recuerda a una parte de El Principito en la que se enseña sobre autoridad basada en la sensatez. El Principito más que un cuento infantil ha resultado ser un libro de filosofía con algunas enseñanzas. Su autor fue alguien con una admirable creatividad. A través de una historia se las ingenia para dejar muchas enseñanzas.

En el capítulo 10 el Principito se topa con un rey que vivía solitario en un planeta muy pequeño y después de que el Principito le pide al rey que ordenara una puesta de sol el rey le responde:

-Si yo le diera a un general la orden de volar de flor en flor como una mariposa, o de escribir una tragedia, o de transformarse en ave marina y el general no ejecutase la orden recibida ¿de quién sería la culpa, mía o de él?
-La culpa sería de usted -le dijo el principito con firmeza.
-Exactamente. Sólo hay que pedir a cada uno, lo que cada uno puede dar -continuó el rey. La autoridad se apoya antes que nada en la razón. Si ordenas a tu pueblo que se tire al mar, el pueblo hará la revolución. Yo tengo derecho a exigir obediencia, porque mis órdenes son razonables.

En este capítulo el autor, se las ingenia para dejar esta otra gran enseñanza, que es de lo que comentaba del fijarse en los errores ajenos:

El principito bostezó. Lamentaba su puesta de sol frustrada y además se estaba aburriendo ya un poco.
-Ya no tengo nada que hacer aquí -le dijo al rey-. Me voy.
-No partas -le respondió el rey que se sentía muy orgulloso de tener un súbdito-, no te vayas y te hago ministro.
-¿Ministro de qué?
-¡De... de justicia!
-¡Pero si aquí no hay nadie a quien juzgar!
-Eso no se sabe -le dijo el rey-. Nunca he recorrido todo mi reino. Estoy muy viejo y el caminar me cansa. Y como no hay sitio para una carroza...

-¡Oh! Pero yo ya he visto. . . -dijo el principito que se inclinó para echar una ojeada al otro lado del planeta-. Allá abajo no hay nadie tampoco. .

-Te juzgarás a ti mismo -le respondió el rey-. Es lo más difícil. Es mucho más difícil juzgarse a sí mismo, que juzgar a los otros. Si consigues juzgarte rectamente es que eres un verdadero sabio.

El rey solitario

Volviendo al tema de aquella experiencia laboral, no suelo hacer dramas de esas cosas, en el sentido de desmoralizarme. Suele pasar todo lo contrario, mi cerebro empieza a maquinar una estrategia después de haber asimilado todo el entorno de forma objetiva, y actuar en base a esa comprensión.

La gente defiende sus intereses entonces yo debo defender los míos, así parezca egoísta, pero en circunstancias en que las reglas del juego se presentan así, hay que ser implacable.

Sabía a lo que me podía exponer, pero si al final era lograr el objetivo no importaba qué sucediera si definía una estrategia y si actuaba de acuerdo a la misma. En casos como esos, es como haber sido derribado a la lona en 3 rounds de una pelea de boxeo, pero sabiendo que en el round final ganaré por KO definitivo venciendo en la pelea. No importa que el equipo rival te haga 3 goles si al final ganas con tu equipo haciendo 4 goles. No importa si pierdes el primer set, si al final ganas el partido de tenis.

Al final, alguien puede decir, que el ambiente fue sencillo y las cosas no fueron complicadas; pero es porque logré los resultados.

Eso fue en el año 2009; había decidido ser un poco más flexible, para comprender conceptos de mantener el control llevados a la práctica. En muchas fuentes de conocimiento se ha estado hablando del fluir. No sé qué se entienda por fluir, pero una explicación a forma de símiles es la del agua. Se cita que los ríos se van formando desde los deshielos de los nevados. El hielo representa las ideas rígidas de las cuales por terquedad la persona no se quiere despojar. El no tener la apertura a nuevas y mejores formas de actuar. Cuando la persona se decide a tener la apertura, a aceptar que puede estar equivocada, que sus formas de concebir son erróneas u obsoletas, el hielo empieza a derretirse; se va formando el líquido. En ese recorrido el agua comienza a descender por el nevado y se va topando con piedras, arbustos y cualquier tipo de objeto. Pero el agua en vez de verlo como un obstáculo, lo que hace es seguir o rodearlo y busca la forma de continuar. Esos obstáculos, ya sean piedras, arbustos o cualquier otro objeto; representan al entorno; los problemas, preocupaciones, reprobaciones, críticas, las adversidades, y todo lo que tenga que ver con emociones. La persona suele quedarse estancada ante estos múltiples sucesos; pero el agua no, el agua sigue buscando la forma de avanzar. Y al final logra un objetivo, formar un río. A eso se le llama fluir. ¿Cuál es la clave? Se dice que a la persona le pasa eso por la mente. En cambio, el agua no se estanca porque no tiene mente, no se llena de pensamientos ni de suposiciones, sólo fluye.

Pero bueno, este fluir, con esta explicación puede causar más perjuicios que beneficios, puesto que la gente puede decir: "no hay que pensar, sólo lánzate a hacer las cosas por hacerlas y nada más, eso es fluir". Seamos sinceros, a veces la gente quiere comprender las cosas como le da la gana. Lo que sea más cómodo.

Pero la enseñanza de fluir como el agua la había entendido en gran porcentaje. Entonces decidí comprender lo que es fluir como el aire. Se puede decir que el aire al igual que todos los elementos, están para enseñarle a la humanidad algo de humildad. Aunque todos presuman de ser humildes estando enojados y condenando a los presumidos; no lo son. He ahí una contradicción. Se habla de humildad pero lo hacen presumiendo. Presumen de ser humildes y buscan reconocimiento de la gente, es decir, esperan que todos reconozcan que son humildes. A los elementos como la tierra, el agua, el aire y el fuego, no les interesa cuán grande seas, cuánto presumas de ser talentoso, eficiente, astuto, de tu belleza, de tu físico, de tu nacionalidad, de tu posición, de tu historia, de dónde provienes; o te jactes y te burles con tus amigos que te las sabes todas. Viene un terremoto se abre la tierra y te traga vivo.

Hay un maremoto y el agua te arrastra como sabandija. El aire te levanta y te deja caer contra el pavimento como plasta. En un incendio el fuego te hace revolcar como si fueras basura.

¿Entonces qué es fluir como el aire? Subes a una montaña e invitas a pelear al aire. Le lanzas algunos puñetes y unas patadas y él no se queja de dolor. Sólo se burla de ti soplando hasta hacer volar tu sombrero y tú no sabes qué hacer más que salir corriendo a recogerlo. Luego producto del enojo le lanzas un vaso con agua y él te lo devuelve haciendo que tú te mojes.
Fluir como el aire puede ser interpretado como no caer en provocaciones, no ofrecer resistencia, y sin identificarte actuar aprovechando el ímpetu del oponente o de las circunstancias de la vida colocándolos a tu favor o en tu beneficio.

En fin, en ese año 2009, decidí en forma práctica fluir como el aire. Mi papá había fallecido el año anterior y mi mamá se vio afectada los primeros meses. Claro, era de esperarse, eso afectó a toda la familia incluyéndome. Pero me di cuenta que si yo me desmoronaba o que si me quedaba quieto las cosas se empeorarían. Son esas acciones silenciosas que sirven de mucho; esas cosas pequeñas que luego hacen la gran diferencia; las pequeñas grandes cosas. No creo ser el súper héroe, pero así como históricamente fui el hijo con quien mi papá compartió más cosas, en el sentido de afinidades, pasatiempos y actividades; mi mamá necesita apoyarse en mí de una u otra forma. Entonces en el 2009, ante esa experiencia y más las continuas sugerencias y peticiones de mi mamá de que sea más flexible, más diplomático y más paciente; ingresé en esa empresa.

Dejé pasar cosas que no había dejado pasar antes, porque hubiera sido más radical y tajante; y hubiera renunciado dejando todo botado; porque con mi formación profesional y experiencia en ese campo; vi que las cosas no se manejaban como debían ser. Pero lo dejé pasar, fui flexible, me hice el sordo y me hice el ciego. Fui delicado en el trato aunque por momentos la gente se ponía déspota y algo grosera. Como esa empresa forma parte de un grupo empresarial, un profesional con bastante experiencia, me empezó a capacitar y él de forma muy directa dialogaba con el equipo de consultores, los creadores de ese software hospitalario. Yo quedaba en el centro de todo. Por un sector, los consultores; por otro sector, la Jefa de Sistemas y el resto de mis compañeros; por otro sector quien me capacitaba; por otro sector el Área Financiera que una de sus funciones era estarse quejando de que no obtenían resultados porque el Área de Sistemas no les daba una herramienta a tiempo; bueno, ese es el pretexto que en todas las empresas se usa, es un artificio de moda; el amuleto para que no los boten ni los tachen de ineficientes. El instrumento para recurrir a una excusa cómoda, facilista y a veces cruel y egoísta. He visto que esas personas, a veces por ineptitud o por negligencia; le echan la culpa al personal de Sistemas. Mientras ellos están tranquilos en sus casas con sus familias sin ningún tipo de remordimiento y en ocasiones hasta considerándolo una hazaña, ya que lo importante es, en sus términos que los he escuchado: "que se jodan otros, yo tengo familia que mantener, en esta vida hay que ser sabido". No he tenido que pasar por esto hasta lo que recuerdo; pero sí he visto que sí le ha tocado a ese profesional informático pagar los platos rotos, aquella persona que sí tiene que quedarse hasta tarde en la noche por ineficiencia de otros, y que también tiene familia que mantener, no le queda otra opción que soportar eso. No es una forma de achacar a quienes han incurrido en esto, es un llamado de atención, un llamado a la reflexión, de cosas que quizás no quieren ver pero que sé que las pueden corregir.

Por otro sector, estaba un gerente de otra empresa del grupo. Yo trataba de evitar roces, de evitar muchas cosas, incluso sabiendo que quedaba como inexperto y quizás como no tan capacitado para ese puesto.

Aprendí a fluir como el aire, no caí en provocaciones ni en arrebatos. Estaba seguro de que yo iba a actuar de la forma adecuada, en el instante adecuado y en el lugar adecuado. Y llegó el día en que tuve que responder, en una reunión en la que me abordaron de forma agresiva, respondí enérgicamente, no me esperaba esa actitud, pero al final reaccioné. Fui determinante y muy directo; no tenía nada en mente ni nada preparado, eso me cayó de sorpresa; para mí era un día más de labor con total armonía pero sucedió lo contrario. Recuerdo que dejé en claro, que no me importaba como siempre la opinión de los demás, que si al final quedaba como un mal profesional para ellos, eso no era un problema para mí, que podían pensar eso o cualquier otra cosa que se les ocurriera, que sí me consideraba capaz de llevar a cabo esa labor pero que lo lograría no por demostrárselo a ellos, si no que esa era mi respuesta ante la pregunta de si me sentía capaz de lograrlo; que si me dejaban actuar libremente yo encontraba, desarrollaba e implantaba la solución. Me preguntaron en cuanto tiempo lo haría; dije que en semana y media. ¿Será que con esa actitud fluí como el aire? Pasó ese plazo, y lo logré, conseguí algo mejor de lo que pensaban hacer. Mi aplicación les permitía mediante un formulario con algunos criterios por elegir, obtener un resultado de sus reportes en formato PDF y en formato Excel.

Aquí viene lo extraño. Y este es otro de los errores del profesional no informático. El software que compraron, tenía un modelo entidad-relación. Esto es lo que se define en una base de datos. Un reporte que pedía el área financiera era Ventas vs. Cobros; de acuerdo a la relación de las entidades involucradas, que las principales eran: Factura y Recibo; y a cómo habían definido la relación entre las mismas; además de la naturaleza de las operaciones de la empresa, el reporte no mostraba los resultados como deseaban. Por lógica, se emitía una factura con el valor total a pagar, pero el cliente no pagaba en un solo pago, sino en más de uno. Podía pagar en primera instancia el 50% y en segunda instancia el otro 50% por ejemplo. Para este caso para una factura, había dos recibos. Antes de que yo llegara, los reportes los hacían con Crystal Reports y a lo mucho que les entregaban era un archivo PDF con los resultados. El jefe de los consultores les entregaba ese reporte, y salían en ese PDF para el caso del ejemplo, dos registros de factura para dos recibos, a lo que estos usuarios mencionaban que salía duplicado el registro de factura. Sin embargo el consultor les mencionaba que eso era lo que se podía hacer y que con eso trabajaran; y con eso trabajaban. De lo cual cogían ese archivo PDF e iban copiando de forma manual en una hoja de Excel esos datos para luego poder hacer sus operaciones. Les tomaba tiempo, pero igual hacían su trabajo con eso, y me imagino que eran presionados a que lo terminen en una fecha determinada.

Yo, con la solución que di, mi aplicación web, les facilité la vida. Tan sólo tenían que escoger los criterios que querían, el rango de fechas, y presionar un simple botón, y el archivo de Excel se originaba con todos esos datos. Les facilité la vida a estos individuos. Y luego ideé una forma para que el reporte Ventas vs. Cobros no duplicara al registro de la factura. De acuerdo a la definición en la base de datos eso no era factible; pero con mi lógica de programación hallé una forma. Fue un gran código, pero para el usuario, mis argumentos de que no era factible de hacer y que luego lograba hacerlo, me imagino que pensaban que eran excusas facilistas de mi parte, de decir que no se puede hacer y que sí se podía hacer.

Pero no se enteraban de que era de mi inventiva que alcanzaba a hacer eso. En una actitud caprichosa, malagradecida, estúpida, soberbia e intransigente de estas personas les hacía en vez de sentirse agradecidos con una herramienta que les ahorró tiempo y que les permitía hacer más y mejores análisis, estar peleando. No lo sé, a veces me pongo a pensar que era el arma de los incapaces que quieren llamar la atención, porque no era necesario formar esa desarmonía y generar un ambiente hóstil de Sistemas vs. Financiera. Al final me peleé con el Gerente Financiero, con la Jefa de Sistemas, con la Jefa de Contabilidad que no supo mantenerse a la altura, con un compañero del área, con uno de los consultores, con un Gerente de otra empresa del grupo, en fin, después de eso, con mi típica actitud buscaba en lo posible no tener contacto con ninguno de ellos para evitar roces y mantenerme en armonía y con tranquilidad. Con algunos pude luego llevarme bien, pero con otros preferí mantener la distancia. Cada cual ve la realidad desde su perspectiva. Quizás los usuarios erróneamente deben haber pensado: "tenemos que presionarlos para que den los resultados"; no podían ver que era mi creatividad lo que daba el resultado. Algo que va más allá de la experiencia, del conocimiento, y de la harta literatura tecnológica sobre alguna herramienta que no todos pero que más de uno lo puede saber. Pero la creatividad y la capacidad de hallar una solución no están en los textos. Claro, así mismo más de uno dirá que no fue gran cosa lo que hice; pero antes de que yo llegara esa poca cosa no existía. Claro, una vez que ya existe, todo el mundo puede decir que es sencillo de hacer; pero por qué no lo hicieron antes. Esa es la ventaja de saber dar una solución, por más sencilla que pueda ser.

Al ver esa actitud, entonces tuve que recurrir a los principios secretos y simples de los negocios. Tiene el poder el que tiene el sartén por el mango. Vi que el Gerente General debía generar utilidades para los accionistas, entonces estaba presionado. El Gerente Financiero a su vez estaba presionado por los accionistas y el Gerente General. En situación similar estaba la Jefa de Sistemas. El resto del área financiera estaba presionado por el Gerente Financiero. Entonces ellos necesitaban para poder tomar decisiones, para poder analizar, para ver qué y cómo hacer, los reportes en Excel que arrojaba mi aplicación. Cada requerimiento era una nueva opción en mi módulo, eso implicaba una programación de la interfaz en HTML, una programación de servidor en PHP, creación de una vista de base de datos para obtener los datos; y una programación especial para traer los datos como deseaban. Entonces fui yo el que comenzó a presionar y si no les gustaba tranquilamente yo renunciaba. Al renunciar yo, ellos se fregaban, porque a esas alturas conseguir otro desarrollador les significaba tiempo; alguien de mi experiencia les iba a pedir el doble del salario. Yo acepté ese salario porque quedaba cerca de mi casa el lugar de trabajo y me iba caminando y me regresaba caminando; y me iba a almorzar a mi casa; además no tenía experiencia laboral en PHP, entonces podía poner ya en mi Hoja de Vida que tenía esa experiencia laboral y hacer otro tipo de proyectos independientes bajo distintas plataformas, como luego sucedió en ese mismo año en mis tiempos libres. Continuando, les representaba ver cómo esa persona entendería lo que yo hice, puesto que en el área de Sistemas yo era el único que desarrollaba software sumado a que la solución fue 100% mía; ¿quién podía capacitar al que me reemplace? Me largaba de esa empresa y no capacitaba a nadie. Pude haberlos puesto en esa situación desagradable, pero quise complacer a mi mamá y me quedé más tiempo. Pero todo tiene sus límites, así que decidí quedarme sólo hasta diciembre de ese año; y de allí renuncié. No quería seguir perdiendo mi tiempo. Sabía que si no me iba, no iban a entender que lo que hacía no era tan sencillo como pensaban. Me fui a otros lugares e hice más dinero en el año 2010 que cuando estuve en esa empresa. Creo que al final contrataron a 2 programadores en mi lugar.

Lógicamente les significo el doble de gastos y los resultados no fueron como antes, y tuvieron rotación de personal. ¿Cuál es la enseñanza de esto? Que deben entender que **la Ingeniería de Software o el Desarrollo de Software (ver Capítulo 5)** no es algo tan sencillo como se cree. Es una de las cosas más difíciles por hacer, en el aspecto de que el software no es algo tangible ni cuantificable.

Lo otro por entender es que un recurso humano en un ambiente hostil no va a poder rendir lo suficiente. Esto está indicado en lo que concierne al **Clima laboral y el Clima organizacional (ver Capítulo 6)**.

****

En mi primera experiencia laboral, hice un proyecto en Visual C++, y el que era el Jefe de Sistemas no sabía sobre eso aunque decía que no se acordaba, pero un día me di cuenta que no sabía mucho de eso. Por mi actitud sincera y frontal creo que al final dejó mezclar sentimientos personales. Una persona adulta, no debe caer en ese tipo de errores. Lo profesional no se debe mezclar con lo personal. Cada cual tiene libertad de decisión y se debe emplear la tolerancia. En fin, en los años posteriores a esa experiencia nos hemos comunicado por chat. Tenía un compañero, él también desarrollaba pero en .Net; y él no sabía mucho de C++. Este relato va para que el profesional no informático, e incluso para el informático que no se ha dedicado a desarrollar o a programar comprenda que a veces dentro del área de Desarrollo hay programadores que sólo saben de cierta herramienta.

Después de todo dominar una sola tecnología, un solo lenguaje de programación es muy difícil de lograr puesto que la tecnología en general es un universo de información infinito. Al que le parezca que esto es una locura o algo sencillo de lograr, le reto a que lo compruebe para que se dé cuenta de que no es algo tan sencillo y diminuto como parece. Es más me gustaría que lo hicieran para que una vez adentrados en el campo manifestaran sus opiniones sobre el tema.

****

En esto no han de incurrir todos los usuarios, en la vida hay de todo; pero en ocasiones el usuario además de torpe e irresponsable termina siendo grosero. Sí, palabras duras, pero hay que mencionarlas, debido a que no se justifica el maltrato ni el irrespeto. Cometen el error y terminan siendo déspotas. Eso destruye la armonía laboral, afecta al buen clima laboral. Deben comprender que dentro de una aplicación informática o software existen dos partes actuantes: la parte automática del software, es decir, lo que hace el software y la otra parte es la parte operativa, la parte que le corresponde hacer al usuario.

Es muy cierto que somos seres humanos y podemos cometer un error al digitar; por eso uno como Ingeniero de Software diseña, codifica e implementa un conjunto de validaciones para hacer un programa a prueba de idiotas. Si todo lo pudiera hacer el sistema, sin necesidad de interacción humana, como ingresar ciertos datos de forma manual, entonces despidamos al recurso humano, y que todo lo hagan las computadoras. Pero, por favor, hay que ser conscientes y honestos. Si alguien se pasa comiendo todo el tiempo, o a cada momento, viendo cosas en las redes sociales, haciendo chistes, chismeando, hablando de la vida ajena, criticando a los demás, hablando por teléfono, y producto de eso ingresa mal los datos en la pantalla que le corresponde a su función en la empresa; no te quejes ni seas déspota cuando le vayas a pedir ayuda al profesional informático. Es por tu irresponsabilidad, no seas tan egoísta, el egoísmo de que después de tu negligencia le dejes todo el trabajo, toda la presión a tu compañero del Departamento de Sistemas que de pronto tiene que trabajar el doble para corregir tu error mientras tú sigues en tus actividades recreativas de informarle a los demás sobre la vida ajena, o haciendo tus acostumbrados chistes o hasta a veces siendo mala fe. El profesional de Sistemas tiene que ayudarte, y va a ayudarte; pero hay que ser justos y profesionales, y para eso hay que cumplir con las políticas. Que las cosas no sean ni para ti como usuario ni para el de Sistemas. Todo justo y que sea 50 y 50.

No soy quién para decirle a alguien qué debe hacer con su vida y con su tiempo; pero si van a hacer todo ese tipo de cosas mientras trabajan, también hagan bien su trabajo. Disfruten de todo eso que les gusta hacer, intégrense, dialoguen, hagan juegos, hagan concursos, hagan fiesta, conviertan el departamento en discoteca o karaoke, compartan, pásenla bien, naveguen en Internet, sean felices; pero también sean eficientes; acepten, asuman y responsabilícense de sus acciones.

Ernesto Ivanovi Arreaga Carvajal

CAPÍTULO 2: PERSPECTIVA DEL PROFESIONAL INFORMÁTICO

Ernesto Ivanovi Arreaga Carvajal

Existe una tendencia en el profesional informático en tecnificarlo todo, en sólo pensar en términos de tecnología, lo cual también se convierte en un perjuicio, puesto que una institución se maneja mediante metas, y esas metas deben cumplirse.

Entonces, todas las operaciones deben alinearse a los objetivos organizacionales y los resultados de todos los departamentos deben obtenerse siguiendo la estrategia organizacional.

Recuerdo que mi proyecto para graduarme de Ingeniero en Sistemas Computacionales, era realizar un sitio web de comercio electrónico; entonces en la exposición del proyecto, el jurado decía que por qué no habíamos incluido una operación para ventas con tarjeta de crédito. Creo que la pregunta iba dirigida porque se podía alegar o me parecía que ellos consideraban que se podía haber programado más en el sitio web.

Pero en realidad, eso no era acertado. El sitio web era de tipo B2B; puesto que el sitio web era para una empresa distribuidora mayorista de equipos informáticos.

¿Y por qué no era acertado? Simple y sencillamente, porque la empresa se manejaba con una política de operaciones en la que no les convenía que el pago se efectuara con tarjeta de crédito. Si al empresario se le ofrecía un sitio web B2B con la opción de pago con tarjeta de crédito, él no iba a aceptarlo, no le iba a interesar y no lo iba a terminar comprando.

Entonces, el sitio web se podía desarrollar con múltiples opciones como pago con tarjeta de crédito; pero al final no le convenía al dueño de la empresa.

Esto es un ejemplo, de cómo el profesional informático se enfoca en la tecnología de punta, en el profesionalismo técnico e informático, pero se olvida de la perspectiva financiera y de los logros de los objetivos organizacionales, que en este caso, para esta empresa lógicamente es crear valor, obtener mayores ganancias. De esto se habla en **el Balanced ScoreCard (ver Capítulo 7)**.

Se olvida de plano, que un estudiante universitario en una carrera de Informática, se está preparando para ser un profesional y mediante su profesión ganarse la vida. Pero si no sabe crear productos que se ajusten a las necesidades de cada cliente; por más tecnología y conocimientos técnicos que contenga su producto, no lo podrá vender.

****

En una experiencia laboral, me tocó estar en un proyecto en el cual se deseó agilizar la transferencia de equipos entre las distintas bodegas de la empresa.

Como el registro de los equipos se hacía mediante lectura de código de barras, tanto para ingreso como para egreso; la cantidad de lecturas de código de barras era igual a la cantidad de equipos a ser leídos.

Por este motivo crearon la entidad agrupación, ya que esta entidad agrupaba a una cantidad de equipos, entonces con una sola lectura, se registraba a varios equipos. Es decir, una agrupación podía contener a 10 equipos, y en una sola lectura de la agrupación se registraban los 10 equipos.

Por lo tanto en el proyecto había que desarrollar el proceso que hiciera que el sistema automáticamente desglosara el registro de los equipos que pertenecían a la agrupación leída por la lectora.

Es decir, para completar el panorama; la opción anterior se mantenía, de leer cada equipo de forma individual más la opción de leer por agrupación.

Entonces había que crear una pantalla que permita crear las agrupaciones y una pantalla para transferencia de equipos. Bueno, esta última fue lo que me tocó hacer a mí, ya que el proyecto estaba distribuido para 3 recursos, entonces además de mí, estaban un compañero y una compañera. Ellos realizaron muy bien su trabajo. Estaban muy pendientes y fueron muy responsables de sus actividades.

En la pantalla de transferencia de equipos, se esperaba que yo hiciera una gran cantidad de procedimientos y que ingresara mucho código. En cierta forma, se esperaba que yo hiciera un trabajo similar al realizado para la opción de lecturas individuales.

Pero mi forma de crear algo se basa en términos generales: 80% análisis y 20% ejecución. Entonces recurrí a la lógica. Los equipos individuales tienen un código de barra que siempre es una cadena de caracteres en la que dichos caracteres son sólo números. Para las agrupaciones, se había formado un código que siempre empezaría con una letra. Por lo que vi que lo más práctico era reutilizar el software. La reutilización en la tecnología es la clave del progreso.

Puedes invertir recursos para crear una rueda, pero mejor es usar esos recursos para lograr la mejor rueda del mundo partiendo de elementos existentes. En la programación de sistemas, esta cuestión de la reutilización de software se menciona implícitamente en los textos de Deitel & Deitel, de que hay que evitar reinventar la rueda. Y se llega a la conclusión de su eficiencia en **el ensayo La catedral y el bazar (ver Capitulo 8).** Este ensayo es a favor del software de código abierto, conocido en el medio por su término en inglés, open source, y he notado que tanto profesionales informáticos como no informáticos llegan a confundirse en creer que software open source es software gratuito, y eso es totalmente errado.

Y en cuestión de reutilización de conocimientos se aplica **el Know-How (ver Capítulo 9).**

Entonces la forma de usar la misma pantalla, con los procedimientos de los distintos lenguajes de programación existentes en los sistemas de la empresa; fue diferenciar con una sencilla función que si lo que se estaba leyendo era un equipo individual o una agrupación. Esa función que desarrollé sólo tomaba el primer carácter de la cadena de caracteres capturada por el sistema por medio de la lectora; y verificaba si dicho carácter era un número. Si lo era, lo procesaba como un equipo, caso contrario, como agrupación. Lógicamente, para cada caso existían las respectivas validaciones. Pero eso fue clave para la reutilización; lo que me representó ahorro de tiempo y minimización de riesgos a que la aplicación informática falle, ya que lo que ya estaba operando, era funcional y ya probado con anterioridad.

Vale mencionar que esa función servirá para siempre si continúan con la política de que la agrupación tiene un código que empieza con una letra, así sea que este código aumente de longitud, de cantidad de caracteres. Es más eficiente a que controlar o distinguir el código de la agrupación mediante una longitud; porque con el pasar de los años, la longitud de caracteres aumenta por la cantidad de equipos que se van vendiendo a través del tiempo. Así que esa empresa en ese aspecto no tiene de qué preocuparse, así pasen los años. Debo expresar que el Líder de ese proyecto, fue un muy buen líder. Fue amable, inteligente y muy atinado. No se precipitó en nada. Eso me permitió encontrar esa acertada solución.

Este es otro ejemplo de enfocarse sólo en la tecnología y en lo meramente técnico. Pensar que mientras más código y funciones coloques en el desarrollo de una aplicación, entonces más profesional será. Pero hay que buscar mayor eficiencia. De esto se encarga la Ingeniería de Software, pero siendo más preciso, esto corresponde a **la Arquitectura de Software (ver Capítulo 10)**. Por eso se distingue al Arquitecto de Software del programador, al programador se le denomina el albañil del software. De ninguna manera este término es peyorativo, pero indica que así como en una construcción existe un ingeniero civil y un arquitecto, en un proyecto de software existe un ingeniero de software y un arquitecto de software. Ellos crean y diseñan la solución basándose en principios y metodologías, mientras que el programador sólo desarrolla. El albañil es muy importante en la construcción de una obra, cumple su rol, es necesario; su labor es muy útil; pero el ingeniero es el que sabe sobre todo lo necesario para que la construcción sea eficiente, perdurable y tenga la consistencia necesaria. Sólo que la Ingeniería de Software es más compleja que la Ingeniería Civil y otras ingenierías puesto que el software es algo intangible y por lo tanto no es cuantificable o su naturaleza no se presta a obtener mucha precisión a la hora de cuantificarlo.

En esta experiencia laboral como en otras, hice el papel de Ingeniero de Software y de programador, es decir, primero fui Ingeniero de Software creando la solución y luego fui programador implementándola. Incluso la podía programar cualquier otro, pero ya con mi solución creada y diseñada. Con esto, queda clara, la importancia de programar después de haber hecho el mejor estudio, y después de saber que se ha llegado a la mejor solución; y no simplemente meter código por meter, tan sólo por caer en el error de pensar que como recibí muchos cursos avanzados sobre una herramienta y porque me leí todo un tutorial sobre la misma, debo colocar todas las funciones que me sé.

Esto, he observado que más lo hacen por vanidad, para demostrar que saben más. Pero es un desatino, el costo que eso encierra, es software menos eficiente.

Y en otras ocasiones, sobre todo los que son independientes, crean software ineficiente a propósito, para que luego salgan a flote los errores y ganar dinero con el soporte técnico y mantenimiento de la aplicación que vendieron. Crean un software sin un buen acabado funcional, para que existan fallas para que el cliente los llame y poder ganar más dinero con cada requerimiento que atienden. Este es otro error del profesional informático.

En un tiempo, los que creaban productos o servicios, estudiaban todo su entorno para elaborar una estrategia que les ayude a obtener lo que consideraban lo más importante: concretar las ventas, que los productos o servicios, según el caso, se vendan.

Pero, luego aterrizaron, y se dieron cuenta, que había un error en la fórmula, sobre todo parece que se dieron cuenta el personal que trabajó para las que hoy son grandes empresas. Se dieron cuenta, de que no bastaba con vender, que además de eso había que asegurar que la venta se repitiera, es decir, que el cliente vuelva a comprar. De allí nace el servicio post-venta, y tener presente que la mejor forma de hacer que el cliente vuelva a comprar es ofreciendo un producto de calidad o brindando un servicio de calidad.

De esto se encarga por un lado, **la Mercadotecnia (ver Capítulo 11)**, y en cuanto a la calidad general en los procesos internos, las normas ISO, y exactamente sobre el manejo de la información, **ISO 27001**.

****

En otra experiencia laboral, ingresé a un proyecto que ya llevaba tiempo de haberse iniciado; por lo tanto el Jefe de Proyectos estaba estresado. Se llenó de más incertidumbres cuando se enteró de que yo estaba realizando mi seminario de graduación en la universidad. Él me contó que cuando él estaba cursando su seminario de graduación había descuidado 2 proyectos, ya que su prioridad era graduarse. Por lo tanto, eso le hizo dudar más. Dos puntos en contra: que yo ingresaba sin conocer algo sobre el proyecto que ya llevaba casi 2 meses de haber arrancado y lo otro era que estaba cursando mi seminario de graduación; y ya el tiempo del cronograma seguía sin detenerse.
Era un proyecto en el cual se había firmado un contrato con una empresa pública en la cual dicha empresa quería que automatizaran sus procesos mediante aplicaciones informáticas con herramientas más actualizadas, puesto que tenían un sistema pero en Fox. Pero eran unos cuantos procesos entonces habían contratado a otras empresas, para que se efectuara la automatización de forma paralela.

Entonces como empresa consultora, había que ir a la empresa pública para participar en reuniones en las cuales realizar preguntas sobre un archivo, el cual seguía una codificación, un formato para clasificar la información de exportaciones e importaciones.

Entonces se podía ver a la cuestión de exportaciones e importaciones como un macroproceso ya que éste estaba formado por varios procesos y todos siguen una secuencia entre sí.

A la empresa consultora a la cual yo ingresé se le habían asignado automatizar 4 procesos. El último proceso de estos 4, es el que no dejaba dormir al Jefe del Proyecto. Entonces quería buscar argumentos que le permitieran quitar ese último proceso y cambiarlo por otro.

Como yo más prefiero tomarme mi tiempo para analizar y ver todo de forma global, sólo me enfocaba en asimilar lo que escuchaba pero no realizaba preguntas en las reuniones.
Él iba y quería encontrar un argumento revisando este archivo, fijándose en la longitud de cada campo, y hacerles ver que no era factible realizar un módulo informático para ese proceso, pero fallaba en ese intento una y otra vez.

Entonces un día al llegar, me pidió que lo acompañara a la sala de reuniones de esta empresa consultora.

Muy educado y muy profesional pero sí sincero, para nada grosero, me dijo que él estaba percibiendo que además de esos 2 puntos en contra veía que yo no realizaba preguntas y que esperaba que yo a esas alturas ya estuviese más metido en el proyecto, que lamentablemente si no demostraba que podía estar enchufado en las actividades que teníamos que realizar me iba a pedir que no continuara. Yo le contesté, primero agradeciendo de que lo hizo en privado y que no haya sido para nada grosero; pero también le dije que si yo no preguntaba es por eso mismo, que yo primero más analizo, asimilo y luego procedo. Que además recién llevaba una semana, y que no era tan lógico esperar que logre en una semana lo que él aún no había podido lograr en casi ya 2 meses estando más empapado de las operaciones. Entonces le dije que si él deseaba que yo lograra un resultado, que yo demostraría con resultados que lo puedo alcanzar, pero le pregunté específicamente qué esperaba que yo lograra. Él me respondió que mi misión era encontrar el motivo para que quitaran ese proceso para él poderlo negociar con otro, pero que en su defecto si eso no lo lograba, entonces que tenía que empaparme de ese proceso porque yo me encargaría de desarrollarlo solo, ya que él no tenía cabeza para hacerlo, porque tenía que estudiar los campos de un archivo enorme y con características confusas y que involucraba saber mucho más sobre las operaciones de ese macroproceso.

Bueno, me enfoqué sólo en eso. Recuerdo que esa conversación la tuvimos un miércoles. A los dos días, es decir, el viernes de esa semana, logré encontrar el motivo; un motivo contundente.

Mientras él se fijaba en lo meramente técnico con relación a la programación de sistemas o de aplicaciones, yo me fijé en **la gestión por procesos (ver Capítulo 12)**. A la empresa consultora le habían asignado dentro de la secuencia de procesos de ese macroproceso, el primero, el segundo y el tercer proceso. Lo lógico era que le asignaran el cuarto proceso, pero de allí se habían saltado al sexto proceso en secuencia.

El cuarto proceso en secuencia se lo habían asignado a otra empresa. Eso fue un error porque debe existir una integración entre los procesos y las tecnologías de información. Incrementaba el riesgo de errores en las aplicaciones, puesto que no se iba a poder hacer pruebas del desarrollo de software de una forma integrada. Lo acertado era asignarle a esta empresa a la que yo ingresé, el primer, el segundo, el tercer y el cuarto proceso y a otra empresa asignarle el quinto proceso, el sexto proceso y el séptimo proceso en secuencia.

En fin, al final con ese motivo se logró el objetivo que le quitaran el sexto proceso. No está de más recalcar, que al llegar el lunes, le dije al Jefe de Proyecto que quería conversar con él algo y fuimos otra vez hasta esa sala de reuniones. A él se lo veía contento y más aliviado. La verdad no se esperó que le dijera que ya no continuaría más allí. Al sorprenderse con mi noticia, me dijo que me tomará el día libre, y que si yo quería que me tomara 2 días de descanso o los que necesitara, que lo pensara bien. Pero el fin de semana yo ya lo había decidido; no esperaba esa reacción de él, no la había contemplado, así que me tomó por sorpresa. Yo no sabía que él ya estaba contento cuando analicé mi situación el fin de semana. Al final no cambié de decisión, ya la había tomado. En cierta forma se resintió un poco conmigo. Pero qué se le podía hacer. A veces se precipitan para decirte que temen a que falles pero se esperan y se guardan el hecho de decirte que están contentos con tu rendimiento.

Pero para mí yo había hecho lo correcto. Si a él no le daba resultados, él me iba a separar del proyecto. Yo iba a destinar mi tiempo y mis esfuerzos para sacar adelante un proyecto en el cual estaba la posibilidad latente de que me digan: no continuará más aquí, y corriendo el riesgo de que descuidara mi seminario de graduación y perder esa oportunidad de ya graduarme.

Nadie lo iba a hacer por mí, sólo yo. Yo vi el panorama desde mi perspectiva. Vi que él estaba velando por sus intereses y sus intereses eran su prioridad, algo de lo cual no me parece negativo ni me quejé. Lo negativo es que yo no actuara igual. Yo también tenía que velar por mis intereses y hacer que éstos sean mi prioridad.

Por eso no desistí. Muchos pueden reprobar mi actitud y mi decisión, pero a veces veo las cosas de una forma distinta al resto, sin embargo, eso no quiere decir que esté cometiendo un error; después de todo estuve haciendo lo que hizo él e hice lo justo. Además cumplí con lo asignado. Y después de todo le hice un favor. Logré lo que él no había logrado en 2 meses y lo que probablemente no hubiera logrado. Posterior a eso, él ya no debió haber tenido pesadillas con el proyecto. Me imagino que ya pudo estar más tranquilo.

CAPÍTULO 3: METODOLOGÍAS, PATRONES Y MARCOS DE TRABAJO PARA IMPLEMENTAR LA TECNOLOGÍA

Todos los departamentos de Tecnologías de la Información (TI) tienen una historia propia, con una evolución que los ha conformado tal y como son en la actualidad.

Remontándonos muchos años atrás, a los primeros Centros de Proceso de Datos (CPD), nos encontramos con que sólo las grandes compañías y corporaciones disponían de equipos informáticos, básicamente debido a la elevada inversión económica que esto suponía.

En términos de coste, el hardware era muy caro (en relación al coste de los procesos de Negocio), el coste del software, aun siendo alto, era menor que el del hardware y el porcentaje que suponía la cuantía del personal que formaba parte de estos centros era muy baja debido a la reducida plantilla con la que se contaba. Esta circunstancia hacía que la estructura organizativa de los CPD's fuera poco relevante, había poca experiencia profesional y realmente bastaba con que todo funcionara, algo difícil de conseguir por la poca madurez de los sistemas.

El Negocio no dependía de lo que se hacía en TI ya que la compañía aún no sabía para qué les podían servir esos "ordenadores". Pero todo cambia y poco a poco, TI se va convirtiendo en una herramienta estratégica para lograr una ventaja competitiva frente a la competencia. A medida que los más altos responsables de las compañías empiezan a vislumbrar el potencial que tenía para el negocio la utilización de la informática, empiezan a solicitar más y más aplicaciones. Esta demanda de sus usuarios llevó aparejada un crecimiento vertiginoso de los departamentos de TI, tanto en potencia de hardware como de recursos humanos, y por tanto, de un incremento continuo de las partidas presupuestarias dedicadas al departamento de TI.

En este entorno de trabajo, el CPD es el gran desconocido en la compañía, funciona como una caja negra y su organización interna está en continuo cambio para adaptarse a las tecnologías que van apareciendo. Se crean nuevos roles a medida que evoluciona y se va haciendo 'camino al andar'. Las funciones del departamento de TI son básicamente tres: construir aplicaciones, montar la infraestructura tecnológica para que las aplicaciones funcionen y 'explotarlas' o hacerlas funcionar.

Pero todo crecimiento conlleva unos obstáculos que hay que superar y a los que hay que dar soluciones, sin perder de vista que cada sector y cada compañía, dentro del mismo sector, tiene sus propias características. En el caso de TI, empiezan a aparecer una serie de obstáculos como los que se indican a continuación:

- Los procesos internos se hacen cada vez más complejos al tener más intervinientes (personas y equipamiento).
- Los conocimientos y experiencia del personal hace que cada uno realice su trabajo según su propio criterio sin uniformidad y prácticamente desconectado de otros grupos (silos).
- La organización interna se complica con la incorporación de nuevas tecnologías y de los equipos que le dan soporte.
- El control de las funciones se dificulta (funciones que no se hacen y funciones duplicadas).
- El control de costes y de rendimiento se hace más complejo.
- En definitiva, el modelo que había hasta ese momento hay que evolucionarlo a otro más eficaz.

Los departamentos de TI van evolucionando a medida que se detectan los obstáculos antes indicados, de tal forma que cada compañía aborda uno, varios o todos los problemas simultáneamente, con mayor o menor éxito. Al mismo tiempo, las compañías buscan la forma de reducir el incremento continuo del gasto informático, algo difícil de conseguir si se tiene en cuenta que la evolución tecnológica es continua y el tamaño de los departamentos de TI sigue aumentando, tanto en personal propio como en personal externo de apoyo.

El crecimiento natural de un departamento de TI se materializa en el incremento del número de equipos hardware, en el de software, en las líneas de comunicación y en los recursos humanos encargados de su control, manejo y gestión: técnicos que controlan el Hardware, Software y las comunicaciones, desarrolladores que fabrican y mantienen las aplicaciones, operadores que las explotan o ejecutan, agentes en centros de asistencia a usuarios, y resto de personal para tareas de logística, calidad, seguridad, entre otros. En realidad, TI es una compañía dentro de la compañía.

Con el panorama organizativo indicado, uno de los grandes retos de los departamentos de Tecnologías de la Información es cómo optimizar sus funciones junto con las personas que las realizan, es decir cómo hacer del modelo organizativo una herramienta estratégica de gestión que genere valor y proporcione una ventaja competitiva.

¿Y cómo se hace esto?
Es la pregunta que cualquier director de Sistemas de Información se hace a sí mismo. La respuesta no es trivial y su materialización no lo es menos, salvo que estemos hablando de un departamento de Sistemas de Información recién creado, en el cual existen menos condicionantes históricos de los que tiene cualquier otro que ha sufrido la evolución que se ha ido describiendo anteriormente.

En cualquier actividad profesional, hay algo muy importante, esto es, que cada persona que integra un equipo de trabajo sepa cuáles son sus funciones y las de los demás. Aunque es de sentido común, no es nuevo y todos debemos de tenerlo claro, aunque en la realidad no sucede así. En muchos organigramas las funciones no están claras, se diluyen las responsabilidades, la función "interesante" la quieren hacer varios y la que no lo es, no la quiere nadie y se queda "huérfana". Al final, esta situación provoca ineficacias, suben los costes y baja la calidad, si bien en muchos casos estas situaciones se compensan en base a esfuerzos individuales y no por un buen sistema organizativo ni de gestión.

Los objetivos principales que se persiguen a la hora de definir e implantar un Modelo Organizativo son:

- Garantizar la prestación de servicios de TI mediante una clara definición e identificación de los roles y responsabilidades.
- Analizar e identificar los recursos de la organización adecuados a los roles identificados.
- Mejorar la relación con las áreas de negocio (Clientes internos) para ofrecer una respuesta ágil y de calidad antes sus necesidades.
- Establecer los mecanismos de control y coordinación necesarios para los procesos y servicios de manera que se puedan alcanzar los objetivos establecidos.

Hay varias formas de abordar el diseño de un nuevo modelo organizativo, una es por "Análisis de funciones" y otra basada en "Análisis por Procesos", las cuales se describen a continuación y que se complementan:

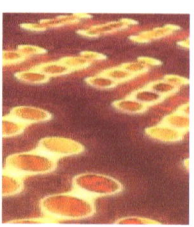

Análisis de funciones: Lo primero es saber qué funciones se hacen en el departamento de TI y qué área o grupo las ejecuta. Esto se puede abordar desde cero o bien en base a algún tipo de lista previa que contenga las funciones más comunes y ampliarla adaptándola a las singularidades de TI. Una vez que se dispone de la relación de funciones, se van asignando a cada área/grupo de TI que las realiza, utilizando para ello el organigrama en vigor. Cuando se dispone de estos datos, ya se detecta qué funciones están duplicadas, segmentadas o no se hacen. Con esa información se pueden abordar cambios organizativos que hagan más eficaz la actividad de los recursos que componen TI. Es un modo de mejorar la actividad de TI sin aumentar los recursos humanos y por tanto sin incurrir en mayores costes.

Análisis por procesos: Otra línea de actuación es organizar las funciones de TI en base a procesos. Cuando se aborda el análisis y mejora de los procesos, se tiene que entrar en la estructura organizativa de TI ya que para cada proceso deben estar asignadas las responsabilidades para todas las actividades que se realizan. Esto supone analizar cuáles son los flujos de cada proceso y quiénes son los implicados. A medida que se van detallando las matrices de responsabilidad de cada proceso de TI, se van identificando las inconsistencias y van aflorando las duplicidades, las ambigüedades y demás situaciones que ralentizan la realización de cada proceso e incluso que los hacen poco eficientes. Ello permite tomar medidas organizativas encaminadas a solventar dichas ineficiencias. En este sentido, guías de buenas prácticas como ITIL, Cobit o las normas ISO, son de gran ayuda ya que proponen una estructura de procesos frente a los que compararse y que representan el correcto funcionamiento del departamento de TI, incluso ofrecen detalle de las actividades a realizar y los roles que deben existir.

Abordar cualquiera de las dos propuestas anteriores o las dos, proporciona una mejora tangible en el funcionamiento de los departamentos de TI:

- Agiliza la ejecución de procesos trasversales, ya que no hay que hacer de "detective" para saber quién hace cada tarea y por tanto no se pierde el tiempo en búsquedas improductivas.
- Hay una mejora de la eficiencia, ya que se hace lo mismo en menos tiempo o lo que es igual, se hace más en el mismo tiempo.
- Se eliminan tareas o funciones duplicadas, lo que permite dedicar recursos a cubrir otras necesidades no contempladas.

Como resumen se puede afirmar que, si bien no es sencillo, sí es posible hacer que el modelo organizativo pueda ser utilizado como una herramienta de gestión y convertirlo en una ventaja que permita mejorar de forma tangible el funcionamiento de TI. Pero no nos olvidemos que se trata de un cambio en el que los principales afectados son las personas y que, por tanto, tiene que ser gestionado con especial atención y cuidado.

3.1 ESTRUCTURACIÓN DEL DEPARTAMENTO DE INFORMÁTICA

El Departamento de Informática se puede estructurar en base a ciertas ciencias, metodologías o marcos de trabajo. Voy a citar 4 de ellos:

3.1.1 ORGANIZACIÓN Y ADMINISTRACIÓN

Definición de Administración.

Es el proceso de lograr que las cosas se realicen por medio de la planeación, organización, delegación de funciones, integración de personal, dirección y control de otras personas, creando y manteniendo un ambiente en el cual la persona se pueda desempeñar entusiastamente en conjunto con otras, sacando a relucir su potencial, eficacia y eficiencia y lograr así fines determinados.

Características de la Administración.

Dentro de las características de la administración tenemos las siguientes:

1- *Universalidad:* La administración se da donde quiera que existe un organismo social (estado, ejército, empresas, iglesias, familia, etc.), porque en él tiene siempre que existir coordinación sistémica de medios.

2- **Especificidad:** La administración tiene sus propias características las cuales son inconfundibles con otras ciencias, aunque va acompañada siempre de ellas (funciones económicas, contables, productivas, mecánicas, jurídicas, etc.), son completamente distintas.

3- **Unidad Temporal:** Aunque se distingan etapas, fases y elementos del proceso administrativo, éste es único y, por lo mismo, en todo momento de la vida de una empresa se están dando, en mayor o menor grado, todos o la mayor parte de los elementos administrativos.

4- **Unidad Jerárquica:** Todos cuantos tienen carácter de jefes en un organismo social, participan en distintos grados y modalidades, de la misma administración. Así, en una empresa forman un solo cuerpo administrativo, desde el gerente general, hasta el último mayordomo. Respetándose siempre los niveles de autoridad que están establecidos dentro de la organización.

5- **Valor Instrumental:** La administración es un instrumento para llegar a un fin, ya que su finalidad es eminentemente práctica y mediante ésta se busca obtener resultados determinados previamente establecidos.

6- **Flexibilidad:** La administración se adapta a las necesidades particulares de cada organización.

7- **Amplitud de Ejercicio:** Esta se aplica en todos los niveles jerárquicos de una organización.

Definición de Organización.

Se trata de determinar qué recurso y qué actividades se requieren para alcanzar los objetivos de la organización. Luego se debe de diseñar la forma de combinarla en grupo operativo, es decir, crear la estructura departamental de la empresa.

De la estructura establecida, se hace necesaria la asignación de responsabilidades y la autoridad formal asignada a cada puesto.

Podemos decir que el resultado a que se llegue con esta función es el establecimiento de una estructura organizativa.

Para que exista un papel organizacional y sea significativo para los individuos, deberá de incorporar:

1- Objetivos verificables que constituyen parte central de la planeación.
2- Una idea clara de los principales deberes o actividades.
3- Una área de discreción o autoridad de modo que quien cumple una función sepa lo que debe hacer para alcanzar los objetivos.

Además, para que un papel dé buenos resultados, habrá que tomar las medidas a fin de suministrar la información necesaria y otras herramientas que se requieren para la realización de esa función.

Características de la Organización.

1- Complejidad: Existen organizaciones altas y bajas. Las grandes organizaciones tienen un gran número de niveles intermedios que coordinan e integran las labores de las personas a través de la interacción indirecta. Las empresas pequeñas, las actividades las realizan interactuando directamente con las personas.

2- Anonimato: Le da importancia al trabajo u operación que se realice, sin tomar en cuenta quién lo ejecuta.

3- Rutina Estandarizada: Son procesos y canales de comunicación que existe en un ambiente despersonalizado o impersonal, las grandes organizaciones tienden a formar sub-colectividades o grupos informales, manteniendo una acción personalizada dentro de ellas.

4- Estructura especializada no oficiales: Configuran una organización informal cuyo poder, en algunos casos, son más eficaces que las estructuras formales.

5- Tendencia a la especialización y a la proliferación de funciones: Pretende distanciar la autoridad formal de las de idoneidad profesional o técnicas, las cuales necesitan un modelo extra formal de interdependencia Autoridad-Capacidad para mantener el orden.

6- Tamaño: Va depender del número de participantes y dependencias.

3.1.2 ITIL

Introducción a ITIL

ITIL (Biblioteca de Infraestructuras de Tecnologías de Información) es una estructura propuesta por la OGC (Oficina Gubernamental de Comercio) del Reino Unido que reúne las mejores prácticas del área de la gestión de servicios de Tecnología Informática (TI) en una serie de guías. El gobierno británico inició la biblioteca ITIL a principios de la década de 1980 con el objetivo de mejorar el servicio brindado por sus departamentos de TI.

El objetivo de ITIL es proporcionar a los administradores de sistemas de TI las mejores herramientas y documentos que les permitan mejorar la calidad de sus servicios, es decir, mejorar la satisfacción del cliente al mismo tiempo que alcanzan los objetivos estratégicos de su organización. Para esto, el departamento de TI debe ser considerado como una serie de procesos estrechamente vinculados. Pragmáticamente, ITIL cumple con la lógica de hacer que la TI sea útil para los empleados y clientes en lugar de lo opuesto.

Los departamentos de TI no son las únicas organizaciones que se benefician con el enfoque ITIL, ya que éste consiste en hacer que los departamentos de TI sean conscientes de que la calidad y disponibilidad de las infraestructuras de TI tienen un impacto directo sobre la calidad global de la compañía.

El alcance de ITIL

La ITIL está dividida en nueve áreas (que corresponden a nueve libros) que abarcan todos los problemas encontrados por los administradores de sistemas de IT. Los dos primeros (en negrita) se consideran el núcleo del método ITIL:

- **Soporte técnico del servicio**
- **Entrega del servicio**
- Administración de infraestructura
- Administración de aplicaciones
- Administración del servicio
- Perspectiva empresarial
- Requisitos empresariales
- Tecnología

Soporte técnico del servicio

El área de soporte técnico del servicio se ocupa de la operación y soporte de la infraestructura de TI. Se divide en los siguientes seis procesos:

Proceso	Objetivo
Administración de configuración	Administra la infraestructura de TI mediante un inventario de la infraestructura actual para mejorar su administración y desarrollo
Administración de incidentes	Mejora la detección de incidentes; mejora el plazo de recuperación de incidentes en función de la importancia para la operación de la empresa.
Administración de problemas	Mejora la administración de problemas recurrentes e implementa soluciones preventivas con el objetivo de reducir o incluso eliminar su ocurrencia
Gestión del cambio	Establece cómo ocurrirán los cambios para anticipar efectos colaterales
Administración de implementación	Garantiza el funcionamiento correcto de los diferentes departamentos estableciendo los requisitos de trabajo
Administración de disponibilidad	Asegura un nivel satisfactorio de disponibilidad a un costo razonable

Entrega del servicio

El área de entrega del servicio está dividido en los siguientes cuatro procesos:

Proceso	Objetivo
Administración de niveles de	Mantiene un nivel de calidad de servicio específico usando contratos

servicio	de servicio renegociados periódicamente
Administración de capacidades	Verifica que los niveles de capacidades y rendimientos cubran los requisitos actuales y futuros
Administración de continuidad de servicios de TI	Define e implementa plazos contractuales de recuperación después de un incidente
Administración financiera de servicios de TI	Administra la rentabilidad de los medios adoptados para proporcionar el servicio

Beneficios del enfoque ITIL

Dado que el enfoque ITIL propone un índice de referencia de las mejores prácticas, los beneficios de implementación observados son:

- Satisfacción del usuario (empleado y cliente).
- Clarificación de roles.
- Mejora de la comunicación entre departamentos.
- Control de procesos con indicadores relevantes y mensurables, que se pueden usar para identificar las herramientas de ahorro.
- Competitividad mejorada.
- Seguridad incrementada (disponibilidad, confiabilidad, integridad).
- Capitalización de datos de la compañía.
- Uso de recursos optimizado.
- Herramienta de comparación y posicionamiento frente a la competencia.

3.1.3 COBIT

CobiT: Un marco de referencia para la información y la tecnología

Las empresas poseen un capital activo muy valioso: información y tecnología. Cada vez en mayor medida, el éxito de una empresa depende de la comprensión de ambos componentes. Las buenas prácticas concentradas en el marco de referencia COBIT, permiten que los negocios se alineen con la tecnología de la información para así alcanzar los mejores resultados.

La información y la tecnología que la soporta representan los activos más valiosos de muchas empresas, aunque con frecuencia son poco entendidos. Las empresas exitosas reconocen los beneficios de la tecnología de información y la utilizan para impulsar el valor de sus interesados (stakeholders). Estas empresas también entienden y administran los riesgos asociados, es decir, el aumento en los requerimientos regulatorios, así como también una gran dependencia de muchos de los procesos de negocio en TI. Pero todos estos elementos son clave para el gobierno de la empresa. El valor, el riesgo y el control constituyen la esencia del gobierno de TI.

El gobierno de TI es responsabilidad de los ejecutivos agrupados en el consejo de directores de la empresa y para ello, es necesario el liderazgo y una buena base de estructuras y procesos organizacionales que garantizan que la TI de la empresa sostiene y extiende las estrategias y objetivos organizacionales. De esta manera, el gobierno de TI facilita que la empresa aproveche al máximo su información, maximizando así los beneficios, capitalizando las oportunidades y ganando ventajas competitivas.

Los Objetivos de Control para la Información y la Tecnología relacionada (CobiT®) brindan buenas prácticas a través de un marco de trabajo de dominios y procesos, y presenta las actividades en una estructura manejable y lógica. Las buenas prácticas de CobiT están enfocadas fuertemente en el control y menos en la ejecución. Estas prácticas ayudarán a optimizar las inversiones facilitadas por la TI, asegurarán la entrega del servicio y brindarán un patrón de medición con el cual se podrá calificar cuando las cosas no vayan bien. Para que la TI tenga éxito en satisfacer los requerimientos del negocio, la dirección empresarial debe implantar un sistema de control interno o un marco de trabajo. El marco de trabajo de control CobiT contribuye a estas necesidades de la siguiente manera:

- Estableciendo un vínculo con los requerimientos del negocio.
- Organizando las actividades de TI en un modelo de procesos.
- Identificando los principales recursos de TI.
- Definiendo los objetivos de control gerenciales.

La orientación al negocio que realiza CobiT consiste en vincular las metas del negocio con las metas de TI, brindando métricas y modelos de madurez para medir los logros, e identificando las responsabilidades asociadas de los propietarios de los procesos de negocio y de TI. El enfoque hacia procesos de COBIT se ilustra con un modelo de procesos, el cual subdivide TI en 34 procesos de acuerdo a las responsabilidades de planear, construir, ejecutar y monitorear; de esta manera, se ofrece una visión de punta a punta de la TI. El concepto de arquitectura empresarial ayuda a identificar aquellos recursos esenciales para el éxito de los procesos, es decir, aplicaciones, información, infraestructura y personas. En resumen, para proporcionar la información que la empresa necesita de acuerdo a sus objetivos, los recursos de TI deben ser administrados por un conjunto de procesos agrupados de forma natural.

Una respuesta al requerimiento de determinar y monitorear el nivel apropiado de control y desempeño de TI, son los conceptos que CobiT define específicamente:

- Benchmarking de la capacidad de los procesos de TI. Son modelos de madurez derivados del Modelo de Madurez de la Capacidad del Instituto de Ingeniería de Software.
- Metas y métricas de los procesos de TI para definir y medir sus resultados y su desempeño, basados en los principios de Balanced Scorecard de Robert Kaplan y David Norton.

- Objetivos de las actividades para controlar estos procesos, con base en los objetivos de control detallados de COBIT.

La evaluación de la capacidad de los procesos basada en los modelos de madurez de CobiT es una parte clave de la implementación del gobierno de TI. Después de identificar los procesos y controles críticos de TI, el modelado de la madurez permite identificar y demostrar a la dirección las brechas en la capacidad.

CobiT es un marco de referencia y un juego de herramientas de soporte que permiten a la gerencia cerrar la brecha con respecto a los requerimientos de control, temas técnicos y riesgos de negocio, y comunicar ese nivel de control a los participantes. CobiT permite el desarrollo de políticas claras y de buenas prácticas para el control de TI por parte de las empresas. CobiT constantemente se actualiza y armoniza con otros estándares, por lo tanto, CobiT se ha convertido en el integrador de las mejores prácticas de TI y el marco de referencia general para el gobierno de TI que ayuda a comprender y administrar los riesgos y beneficios asociados con TI. La estructura de procesos de CobiT y su enfoque de alto nivel orientado al negocio brindan una visión completa de TI y de las decisiones a tomar.

3.1.4 TOGAF

Introducción a TOGAF

TOGAF es un acrónimo de "The Open Group Architecture Framework" y es un framework de arquitectura.

Es el estándar global de facto para ayudar al proceso de aceptación, producción, uso y mantenimiento de arquitecturas, se basa en un modelo de proceso iterativo, soportado por las mejores prácticas y un conjunto reutilizable de activos existentes de arquitectura.

TOGAF se desarrolla y es mantenido por el "The Open Group Architecture Forum" y sus 350 miembros. La primera versión fue desarrollada en 1995, basándose en TAFIM (US Department of Defense Technical Architecture Framework for Information Management). Partiendo de esta base sólida el Forum ha desarrollado sucesivas versiones de TOGAF en intervalos regulares, publicando cada versión en su sitio web público.

Puede ser usado para desarrollar un amplio rango de diferentes arquitecturas de empresa. Se complementa y puede ser usado conjuntamente con otros frameworks que estén enfocados en entregables concretos para sectores verticales como Gobierno, Telecomunicaciones, Fábricas, Defensa y finanza.

La clave de TOGAF es el método – TOGAF Archictecture Development Method (ADM) – para el desarrollo de una arquitectura empresarial que se ocupa de satisfacer las necesidades del negocio.

Enterprise Continuum

El Enterprise Continuum es el método de clasificación, que se describe en el libro V de TOGAF, del contenido generado mediante el método ADM y guardado en el repositorio ACF.

Para simplificar el proceso de creación de una arquitectura de empresa, que dé respuesta a los requerimientos del negocio, esta se divide en subconjuntos de arquitecturas relacionadas que enfocan la solución desde conceptos más abstractos a más concretos, desde términos más lógicos a más físicos y desde un enfoque más IT a más de negocio.

Arquitectura Fundacional, es la más general y contiene los principios de arquitectura (estándares y bloques de construcción reusables) que utilizará cualquier organización de la IT. TOGAF provee la descripción de una arquitectura fundacional en su modelo de referencia técnico, TRM.

Arquitectura Común de Sistemas, se soporta en la arquitectura base y a partir de la elección e integración de los servicios adecuados genera soluciones de dominios específicos como pueden ser seguridad, operaciones, entre otros, que a su vez se convierten en bloques reusables. TOGAF provee de una arquitectura común de sistemas en su modelo de referencia de diseño de una infraestructura de integración de información que especifica partes de la TRM, III-RM.

Arquitectura de Industria, se encarga de integrar las soluciones de dominio en soluciones específicas para un tipo de industria determinada como puede ser la salud, la energía, entre otras.

Arquitectura de Organización, es la más específica y guía el despliegue de la arquitectura solución, resultado de la integración de las soluciones de industria, adecuada para una empresa en particular.

Partiendo de este continuo de arquitecturas que nos explican y planifican la SI/TI del negocio generaremos e implementaremos las soluciones en las que se materializa cada arquitectura creando así un continuo de soluciones.

Ambos continuos el de arquitecturas y soluciones, visualizan el proceso de especificación de la arquitectura solución y forman el continuo de empresa.

CAPÍTULO 4:
SEGURIDAD DE LA
INFORMACIÓN

Ernesto Ivanovi Arreaga Carvajal

Seguridad de la información / Seguridad informática

Existen muchas definiciones del término seguridad. Simplificando, y en general, podemos definir la seguridad como: "Característica que indica que un sistema está libre de todo peligro, daño o riesgo." (Villalón).

Cuando hablamos de seguridad de la información estamos indicando que dicha información tiene una relevancia especial en un contexto determinado y que, por tanto, hay que proteger.

La Seguridad de la Información se puede definir como conjunto de medidas técnicas, organizativas y legales que permiten a la organización asegurar la confidencialidad, integridad y disponibilidad de su sistema de información.

Hasta la aparición y difusión del uso de los sistemas informáticos, toda la información de interés de una organización se guardaba en papel y se almacenaba en grandes cantidades de abultados archivadores.

Datos de los clientes o proveedores de la organización, o de los empleados quedaban registrados en papel, con todos los problemas que luego acarreaba su almacenaje, transporte, acceso y procesado.

Los sistemas informáticos permiten la digitalización de todo este volumen de información reduciendo el espacio ocupado, pero, sobre todo, facilitando su análisis y procesado. Se gana en 'espacio', acceso, rapidez en el procesado de dicha información y mejoras en la presentación de dicha información.

Pero aparecen otros problemas ligados a esas facilidades. Si es más fácil transportar la información también hay más posibilidades de que desaparezca 'por el camino'. Si es más fácil acceder a ella también es más fácil modificar su contenido.

Desde la aparición de los grandes sistemas aislados hasta nuestros días, en los que el trabajo en red es lo habitual, los problemas derivados de la seguridad de la información han ido también cambiando, evolucionando, pero están ahí y las soluciones han tenido que ir adaptándose a los nuevos requerimientos técnicos. Aumenta la sofisticación en el ataque y ello aumenta la complejidad de la solución, pero la esencia es la misma.

Existen también diferentes definiciones del término Seguridad Informática. De ellas nos quedamos con la definición ofrecida por el estándar para la seguridad de la información ISO/IEC 27001, que fue aprobado y publicado en octubre de 2005 por la International Organization for Standardization (ISO) y por la comisión International Electrotechnical Commission (IEC).

"La seguridad informática consiste en la implantación de un conjunto de medidas técnicas destinadas a preservar la confidencialidad, la integridad y la disponibilidad de la información, pudiendo, además, abarcar otras propiedades, como la autenticidad, la responsabilidad, la fiabilidad y el no repudio."

Como vemos el término seguridad de la información es más amplio ya que engloba otros aspectos relacionados con la seguridad más allá de los puramente tecnológicos.

Seguridad de la información: modelo PDCA

Dentro de la organización el tema de la seguridad de la información es un capítulo muy importante que requiere dedicarle tiempo y recursos. La organización debe plantearse un Sistema de Gestión de la Seguridad de la Información (SGSI).

El objetivo de un SGSI es proteger la información y para ello lo primero que debe hacer es identificar los 'activos de información' que deben ser protegidos y en qué grado.

Luego debe aplicarse el plan PDCA ('PLAN – DO – CHECK – ACT'), es decir Planificar, Hacer, Verificar, Actuar y volver a repetir el ciclo.

Se entiende la seguridad como un proceso que nunca termina ya que los riesgos nunca se eliminan, pero se pueden gestionar. De los riesgos se desprende que los problemas de seguridad no son únicamente de naturaleza tecnológica, y por ese motivo nunca se eliminan en su totalidad.

Un SGSI siempre cumple cuatro niveles repetitivos que comienzan por Planificar y terminan en Actuar, consiguiendo así mejorar la seguridad.

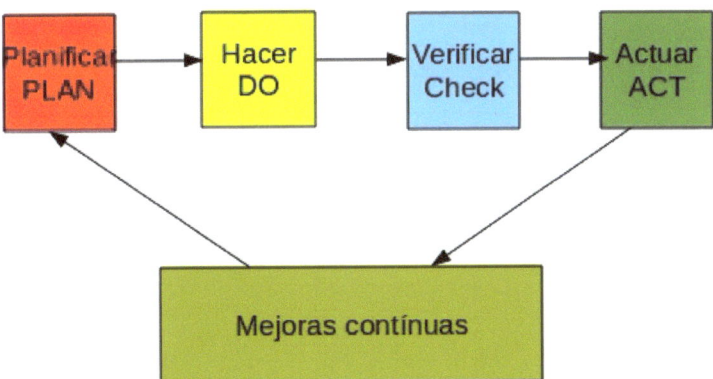

PLANIFICAR (Plan): consiste en establecer el contexto en el que se crean las políticas de seguridad, se hace el análisis de riesgos, se hace la selección de controles y el estado de aplicabilidad.

HACER (Do): consiste en implementar el sistema de gestión de seguridad de la información, implementar el plan de riesgos e implementar los controles.

VERIFICAR (Check): consiste en monitorear las actividades y hacer auditorías internas.

ACTUAR (Act): consiste en ejecutar tareas de mantenimiento, propuestas de mejora, acciones preventivas y acciones correctivas.

Bases de la Seguridad Informática

Fiabilidad

Existe una frase que se ha hecho famosa dentro del mundo de la seguridad. Eugene Spafford, profesor de ciencias informáticas en la Universidad Purdue (Indiana, EEUU) y experto en seguridad de datos, dijo que "el único sistema seguro es aquel que está apagado y desconectado, enterrado en un refugio de cemento, rodeado por gas venenoso y custodiado por guardianes bien pagados y muy bien armados. Aún así, yo no apostaría mi vida por él".

Hablar de seguridad informática en términos absolutos es imposible y por ese motivo se habla más bien de fiabilidad del sistema, que, en realidad es una relajación del primer término.

Definimos la Fiabilidad como la probabilidad de que un sistema se comporte tal y como se espera de él.

En general, un sistema será seguro o fiable si podemos garantizar tres aspectos:

- **Confidencialidad:** acceso a la información sólo mediante autorización y de forma controlada.

- **Integridad:** modificación de la información solo mediante autorización.

- **Disponibilidad:** la información del sistema debe permanecer accesible mediante autorización.

Existe otra propiedad de los sistemas que es la Confiabilidad, entendida como nivel de calidad del servicio que se ofrece. Pero esta propiedad, que hace referencia a la disponibilidad, estaría al mismo nivel que la seguridad. En nuestro caso mantenemos la Disponibilidad como un aspecto de la seguridad.

Confidencialidad

En general el término 'confidencial' hace referencia a "Que se hace o se dice en confianza o con seguridad recíproca entre dos o más personas." (http://buscon.rae.es).

En términos de seguridad de la información, la confidencialidad hace referencia a la necesidad de ocultar o mantener secreto sobre determinada información o recursos.

El objetivo de la confidencialidad es, entonces, prevenir la divulgación no autorizada de la información.

En general, cualquier empresa pública o privada y de cualquier ámbito de actuación requiere que cierta información no sea accedida por diferentes motivos. Uno de los ejemplos más típicos es el del ejército de un país. Además, es sabido que los logros más importantes en materia de seguridad siempre van ligados a temas estratégicos militares.

Por otra parte, determinadas empresas a menudo desarrollan diseños que deben proteger de sus competidores. La sostenibilidad de la empresa así como su posicionamiento en el mercado pueden depender de forma directa de la implementación de estos diseños y, por ese motivo, deben protegerlos mediante mecanismos de control de acceso que aseguren la confidencialidad de esas informaciones.

Un ejemplo típico de mecanismo que garantice la confidencialidad es la Criptografía, cuyo objetivo es cifrar o encriptar los datos para que resulten incomprensibles a aquellos usuarios que no disponen de los permisos suficientes.

Pero, incluso en esta circunstancia, existe un dato sensible que hay que proteger y es la clave de encriptación. Esta clave es necesaria para que el usuario adecuado pueda descifrar la información recibida y en función del tipo de mecanismo de encriptación utilizado, la clave puede/debe viajar por la red, pudiendo ser capturada mediante herramientas diseñadas para ello. Si se produce esta situación, la confidencialidad de la operación realizada (sea bancaria, administrativa o de cualquier tipo) queda comprometida.

Integridad

En general, el término 'integridad' hace referencia a una cualidad de 'íntegro' e indica "Que no carece de ninguna de sus partes." y relativo a personas "Recta, proba, intachable.".

En términos de seguridad de la información, la integridad hace referencia a la fidelidad de la información o recursos, y normalmente se expresa en lo referente a prevenir el cambio impropio o desautorizado.

El objetivo de la integridad es, entonces, prevenir modificaciones no autorizadas de la información.
La integridad hace referencia a:

- la integridad de los datos (el volumen de la información).
- la integridad del origen (la fuente de los datos, llamada autenticación).

Es importante hacer hincapié en la integridad del origen, ya que puede afectar a su exactitud, credibilidad y confianza que las personas ponen en la información.

A menudo ocurre que al hablar de integridad de la información no se da en estos dos aspectos.

Por ejemplo, cuando un periódico difunde una información cuya fuente no es correcta, podemos decir que se mantiene la integridad de la información ya que se difunde por medio impreso, pero sin embargo, al ser la fuente de esa información errónea no se está manteniendo la integridad del origen, ya que la fuente no es correcta.

Disponibilidad

En general, el término 'disponibilidad' hace referencia a una cualidad de 'disponible' y dicho de una cosa "Que se puede disponer libremente de ella o que está lista para usarse o utilizarse."

En términos de seguridad de la información, la disponibilidad hace referencia a que la información del sistema debe permanecer accesible a elementos autorizados.

El objetivo de la disponibilidad es, entonces, prevenir interrupciones no autorizadas/controladas de los recursos informáticos.
En términos de seguridad informática "un sistema está disponible cuando su diseño e implementación permite deliberadamente negar el acceso a datos o servicios determinados". Es decir, un sistema es disponible si permite no estar disponible.

Y un sistema 'no disponible' es tan malo como no tener sistema. No sirve.

Como resumen de las bases de la seguridad informática que hemos comentado, podemos decir que la seguridad consiste en mantener el equilibrio adecuado entre estos tres factores. No tiene sentido conseguir la confidencialidad para un archivo si es a costa de que ni tan siquiera el usuario administrador pueda acceder a él, ya que se está negando la disponibilidad.

Dependiendo del entorno de trabajo y sus necesidades se puede dar prioridad a un aspecto de la seguridad o a otro. En ambientes militares suele ser siempre prioritaria la confidencialidad de la información frente a la disponibilidad. Aunque alguien pueda acceder a ella o incluso pueda eliminarla no podrá conocer su contenido y reponer dicha información será tan sencillo como recuperar una copia de seguridad (si las cosas se están haciendo bien).

En ambientes bancarios es prioritaria siempre la integridad de la información frente a la confidencialidad o disponibilidad. Se considera menos dañino que un usuario pueda leer el saldo de otro usuario a que pueda modificarlo.

CAPÍTULO 5: INGENIERÍA DE SOFTWARE

Ernesto Ivanovi Arreaga Carvajal

La ingeniería de software es una disciplina formada por un conjunto de métodos, herramientas y técnicas que se utilizan en el desarrollo de los programas informáticos (software).

Esta disciplina trasciende la actividad de programación, que es el pilar fundamental a la hora de crear una aplicación. El ingeniero de software se encarga de toda la gestión del proyecto para que éste se pueda desarrollar en un plazo determinado y con el presupuesto previsto.

La ingeniería de software, por lo tanto, incluye el análisis previo de la situación, el diseño del proyecto, el desarrollo del software, las pruebas necesarias para confirmar su correcto funcionamiento y la implementación del sistema.

Cabe destacar que el proceso de desarrollo de software implica lo que se conoce como ciclo de vida del software, que está formado por cuatro etapas: concepción, elaboración, construcción y transición.
La concepción fija el alcance del proyecto y desarrolla el modelo de negocio; la elaboración define el plan del proyecto, detalla las características y fundamenta la arquitectura; la construcción es el desarrollo del producto; y la transición es la transferencia del producto terminado a los usuarios.

Una vez que se completa este ciclo, entra en juego el mantenimiento del software. Se trata de una fase de esta ingeniería donde se solucionan los errores descubiertos (muchas veces advertidos por los propios usuarios) y se incorporan actualizaciones para hacer frente a los nuevos requisitos. El proceso de mantenimiento incorpora además nuevos desarrollos, para permitir que el software pueda cumplir con una mayor cantidad de tareas.

Un campo directamente relacionado con la ingeniería de software es la arquitectura de sistemas, que consiste en determinar y esquematizar la estructura general del proyecto, diagramando su esqueleto con un grado relativamente alto de especificidad y señalando los distintos componentes que serán necesarios para llevar a cabo el desarrollo, tales como aplicaciones complementarias y bases de datos. Se trata de un punto fundamental del proceso, y es muchas veces la clave del éxito de un producto informático.

Los avances tecnológicos y su repercusión en la vida social han afectado inevitablemente el proceso de desarrollo de software por diversos motivos, como ser el acceso indiscriminado de los usuarios a cierta información que hasta hace un par de décadas desconocía por completo y que no pueden comprender, dado que no poseen el grado de conocimiento técnico necesario. Un consumidor bien informado es un consumidor al que no se puede timar, ya que sabe lo que necesita y tiene la capacidad de analizar las diferentes ofertas del mercado, comparando las propuestas y prestaciones de los productos; sin embargo, un consumidor mal informado es como un niño caprichoso que llora, grita y patalea sin parar.

La primera de todas las etapas del trabajo que realizan los ingenieros de software consiste en estudiar minuciosamente las características que se creen necesarias para el programa a desarrollar, y es éste el punto en el cual deben encontrar un equilibrio (cada vez más difícil de alcanzar) entre las demandas excesivas de los malos consumidores y las posibilidades de la compañía. El tiempo es dinero, y las empresas del mundo informático lo saben muy bien.

Cada función de un programa, cada rasgo que lo vuelva más cómodo, más inteligente, más accesible, se traduce en una cantidad determinada de tiempo, que a su vez acarrea los sueldos de todas las personas involucradas en su desarrollo. Pero además del costo de producción necesario para realizar cada una de las piezas de un programa, la ingeniería de software debe decidir cuáles de ellas tienen sentido, son coherentes con el resto y son necesarias para comunicar claramente la esencia y los objetivos de la aplicación.

CAPÍTULO 6:
CLIMA LABORAL Y CLIMA ORGANIZACIONAL

6.1 CLIMA LABORAL

El clima laboral no es otra cosa que el medio en el que se desarrolla el trabajo cotidiano. La calidad de este clima influye directamente en la satisfacción de los trabajadores y por lo tanto en la productividad.

De aquella manera, mientras que un buen clima se orienta hacia los objetivos generales, un mal clima destruye el ambiente de trabajo ocasionando situaciones de conflicto, malestar y generando un bajo rendimiento.

La calidad del clima laboral se encuentra íntimamente relacionada con el manejo social de los directivos, con los comportamientos de los trabajadores, con su manera de trabajar y de relacionarse, con su interacción con la empresa, con las máquinas que se utilizan y con las características de la propia actividad de cada uno.

Propiciar un buen clima laboral es responsabilidad de la alta dirección, que con su cultura y con sus sistemas de gestión, prepararán el terreno adecuado para que se desarrolle.

Las políticas de personal y de recursos humanos logran la mejora de ese ambiente con el uso de técnicas precisas como escalas de evaluación para medir el clima laboral.

6.2 CLIMA ORGANIZACIONAL

El ambiente donde una persona desempeña su trabajo diariamente, el trato que un jefe tiene con sus subordinados, la relación entre el personal de la empresa e incluso la relación con proveedores y clientes, todos estos elementos van conformando lo que denominamos Clima Organizacional.

Para que una persona pueda trabajar bien y ser más productiva debe sentirse bien consigo mismo y con todo lo que gira alrededor de ella, lo cual confirma el principio de que "la gente feliz entrega mejores resultados".

Un clima organizacional agradable, es una inversión a largo plazo. La gente aprecia el lugar de trabajo que le brinda espacios de realización y sana convivencia, donde son valorados y mantienen relación satisfactoria con compañeros que buscan los mismos objetivos: aportar sus talentos, crecer como personas y profesionales y obtener mejoras económicas y de reto.

El personal gusta de trabajar en empresas exitosas que obtienen resultados superiores en cada período y que les permite ser parte de ese éxito, sabiendo que la gente es el capital más importante de la organización.

Con un entorno como el descrito, es fácil predecir que el nivel de compromiso aumentará y que el logro de resultados puede ser garantizado.

Una organización con una disciplina demasiado rígida, con demasiadas presiones al personal, con alto enfoque a procesos y resultados y con poca atención a la satisfacción de la gente, sólo obtendrá logros en el corto plazo, pero no asegura su sustentabilidad en el futuro.

Los líderes de las empresas deben percatarse de que el ambiente de trabajo forma parte del activo de la compañía y como tal deben valorarlo y prestarle la debida atención.

La medición del clima organizacional es un proceso indispensable para monitorear el grado de satisfacción del personal, detectar los aspectos positivos que están siendo bien manejados por la empresa, así como los aspectos críticos que pueden ser detonadores de graves problemas organizacionales.

El clima organizacional se evalúa mediante encuestas aplicadas a los trabajadores de toda la organización o de algún área específica dentro de ella. Además, enriquece mucho realizar entrevistas con personas clave y sesiones de diálogo con grupos de personas representativas de las áreas y diferentes niveles de la empresa, a través de los cuales se puede complementar la medición y comprender mejor los aspectos que pueden estar generando disfuncionalidad en el desempeño y desarrollo organizacional.

En resumen, un buen o mal clima organizacional, tendrá consecuencias que impactarán de manera positiva o negativa en el funcionamiento de la empresa.

Algunos beneficios de un Clima Organizacional Sano son:
- Satisfacción
- Adaptación
- Afiliación
- Actitudes laborales positivas
- Conductas constructivas
- Ideas creativas para la mejora
- Alta productividad
- Logro de resultados
- Baja rotación

En un Clima Organizacional deficiente se detectan las siguientes consecuencias negativas:
- Inadaptación
- Alta rotación
- Ausentismo
- Poca innovación
- Baja productividad
- Fraudes y robos
- Sabotajes
- Tortuguismo
- Impuntualidad
- Actitudes laborales negativas
- Conductas indeseables

Ernesto Ivanovi Arreaga Carvajal

CAPÍTULO 7:
BALANCED SCORECARD

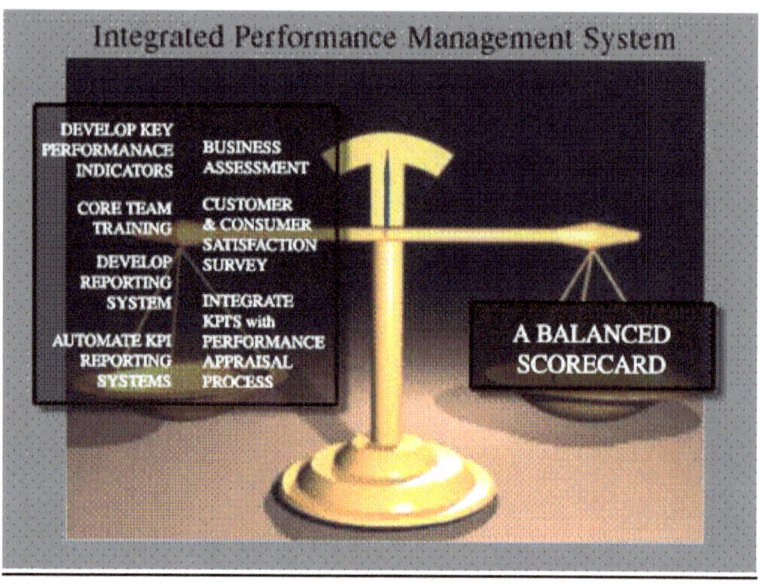

Esta es la idea fundamental del artículo que en 1992 Robert Kaplan y David Norton.

La traducción de Balanced Scorecard en español, literalmente, sería "Hoja de resultados equilibrada". Sin embargo, se le ha conocido por muchos nombres distintos, entre los cuales destacan "Tablero de Comando" y "Cuadro de Mando Integral". Muchos prefieren mantener el nombre en inglés.

Lo que uno mide, es lo que logrará. Así, si usted mide únicamente el desempeño financiero, solo obtendrá un buen desempeño financiero. Si por el contrario amplía su visión, e incluye medidas desde otras perspectivas, entonces tendrá la posibilidad de alcanzar objetivos que van más allá de lo financiero.

Es una herramienta de administración de empresas que muestra continuamente cuándo una compañía y sus empleados alcanzan los resultados definidos por el plan estratégico. También es una herramienta que ayuda a la compañía a expresar los objetivos e iniciativas necesarias para cumplir con la estrategia.

Las cuatro perspectivas del Balance Scorecard

Perspectiva financiera: aunque las medidas financieras no deben ser las únicas, tampoco deben despreciarse. La información precisa y actualizada sobre el desempeño financiero siempre será una prioridad.

Algunos indicadores frecuentemente utilizados son:

- Índice de liquidez.
- Índice de endeudamiento.
- Índice DuPont.
- Índice de rendimiento del capital invertido.

Perspectiva del cliente: cómo ve el cliente a la organización, y qué debe hacer esta para mantenerlo como cliente.

Una buena manera de medir o saber la perspectiva del cliente es diseñando protocolos básicos de atención y utilizar la metodología de cliente incógnito para la relación del personal en contacto con el cliente (PEC).

Perspectiva interna o de procesos de negocio: cuáles son los procesos internos que la organización debe mejorar para lograr sus objetivos.

Se distinguen cuatro tipos de procesos:

- Procesos de Operaciones. Desarrollados a través de los análisis de calidad y reingeniería. Los indicadores son los relativos a costos, calidad, tiempos o flexibilidad de los procesos.
- Procesos de Gestión de Clientes. Indicadores: Selección de clientes, captación de clientes, retención y crecimiento de clientes.
- Procesos de Innovación (difícil de medir). Ejemplo de indicadores: % de productos nuevos, % productos patentados, introducción de nuevos productos en relación a la competencia.
- Procesos relacionados con el Medio Ambiente y la Comunidad. Indicadores típicos de Gestión Ambiental, Seguridad e Higiene y Responsabilidad Social Corporativa.

Perspectiva de innovación y mejora: cómo puede la organización seguir mejorando para crear valor en el futuro.

Clasifica los activos relativos al aprendizaje y mejora en:

- Capacidad y competencia de las personas (gestión de los empleados). Incluye indicadores de satisfacción de los empleados, productividad, necesidad de formación, entre otros.
- Sistemas de información (sistemas que proveen información útil para el trabajo). Indicadores: bases de datos estratégicos, software propio, las patentes y copyrights, entre otros.
- Cultura-clima-motivación para el aprendizaje y la acción. Indicadores: iniciativa de las personas y equipos, la capacidad de trabajar en equipo, el alineamiento con la visión de la empresa, entre otros.

Las medidas puramente financieras toman el punto de vista de los accionistas de la empresa.

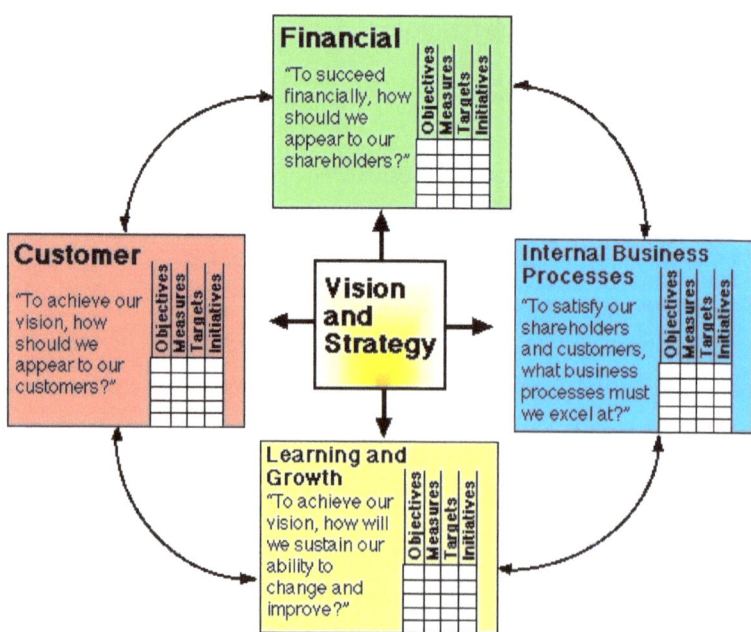

DETERMINACION DEL BALANCED SCORECARD

1. Objetivos que se desean alcanzar.
2. Mediciones o parámetros observables, que midan el progreso hacia el alcance de los objetivos.
3. Metas, o el valor específico de la medición que queremos alcanzar.
4. Iniciativas, proyectos o programas que se iniciarán para lograr alcanzar esas metas.

El Cuadro de mando integral

Es un sistema de gestión estratégica de la empresa, que consiste en:

- Formular una estrategia consistente y transparente.
- Comunicar la estrategia a través de la organización.
- Coordinar los objetivos de las diversas unidades organizativas.
- Conectar los objetivos con la planificación financiera y presupuestaria.
- Identificar y coordinar las iniciativas estratégicas.
- Medir de un modo sistémico la realización, proponiendo acciones correctivas oportunas.

CARACTERÍSTICAS DEL CUADRO DE MANDO

El concepto de Cuadro de Mando deriva del concepto denominado "tableau de bord" en Francia, que traducido de manera literal, vendría a significar algo así como tablero de mandos, o cuadro de instrumentos.

A partir de los años 80, es cuando el Cuadro de Mando pasa a ser, además de un concepto práctico, una idea académica, ya que hasta entonces el entorno empresarial no sufría grandes variaciones, la tendencia del mismo era estable, las decisiones que se tomaban carecían de un alto nivel de riesgo.

CARACTERÍSTICAS FUNDAMENTALES DE LOS CUADROS DE MANDO:

1. La naturaleza de las informaciones recogidas en él, dando cierto privilegio a las secciones operativas, (ventas, etc.) para poder informar a las secciones de carácter financiero, siendo éstas últimas el producto resultante de las demás.

2. La rapidez de ascenso de la información entre los distintos niveles de responsabilidad.

3. La selección de los indicadores necesarios para la toma de decisiones, sobre todo en el menor número posible.

En definitiva, lo importante es establecer un sistema de señales en forma de Cuadro de Mando que nos indique la variación de las magnitudes verdaderamente importantes que debemos vigilar para someter a control la gestión.

Tipos de Cuadro de mando

A la hora de disponer una relación de Cuadros de Mando, muchos son los criterios que se pueden entremezclar, siendo los que a continuación se describen, algunos de los más indicativos, para clasificar tales herramientas de apoyo a la toma de decisiones.

- El horizonte temporal.
- Los niveles de responsabilidad y/o delegación.
- Las áreas o departamentos específicos.

Otras clasificaciones:

- La situación económica.
- Los sectores económicos.
- Otros sistemas de información.

En la actualidad, no todos los Cuadros de Mando están basados en los principios de Kaplan y Norton, aunque sí influenciados en alguna medida por ellos.

PRÁCTICA DEL CUADRO DE MANDO

Seis serán las etapas propuestas:

1. Análisis de la situación y obtención de información.
2. Análisis de la empresa y determinación de las funciones generales.

3. Estudio de las necesidades según prioridades y nivel informativo.
4. Señalización de las variables críticas en cada área funcional.
5. Establecimiento de una correspondencia eficaz y eficiente entre las variables críticas y las medidas precisas para su control.
6. Configuración del Cuadro de Mando según las necesidades y la información obtenida.

En una primera etapa, la empresa debe conocer en qué situación se encuentra, valorar dicha situación y reconocer la información con la que va a poder contar en cada momento o escenario, tanto la del entorno como la que maneja habitualmente.

Esta etapa se encuentra muy ligada con la segunda, en la cual la empresa habrá de definir claramente las funciones que la componen, de manera que se puedan estudiar las necesidades según los niveles de responsabilidad en cada caso y poder concluir cuáles son las prioridades informativas que se han de cubrir, cometido que se llevará a cabo en la tercera de las etapas.

Elaboración y contenido del Cuadro de mando

Los responsables de cada uno de los Cuadros de Mando de los diferentes departamentos, han de tener en cuenta una serie de aspectos comunes en cuanto a su elaboración.

- Los Cuadros de mando han de presentar sólo aquella información que resulte ser imprescindible, de una forma sencilla y por supuesto, sinóptica y resumida.
- El carácter de estructura piramidal entre los Cuadros de Mando, ha de tenerse presente en todo momento, ya que esto permite la conciliación de dos puntos básicos: uno, que cada vez más se vayan agregando los indicadores hasta llegar a los más resumidos y dos, que a cada responsable se le asignen sólo aquellos indicadores relativos a su gestión y a sus objetivos.
- Tienen que destacar lo verdaderamente relevante, ofreciendo un mayor énfasis en cuanto a las informaciones más significativas.

- No se puede olvidar la importancia que tienen tanto los gráficos, tablas y/o cuadros de datos, etc., ya que son verdaderos nexos de apoyo de toda la información que se resume en los Cuadros de Mando.
- La uniformidad en cuanto a la forma de elaborar estas herramientas es importante, ya que esto permitirá una verdadera normalización de los informes con los que la empresa trabaja, así como facilitar las tareas de contrastación de resultados entre los distintos departamentos o áreas.

De alguna manera, lo que incorporemos en esta herramienta, será aquello con lo que podremos medir la gestión realizada y, por este motivo, es muy importante establecer en cada caso qué es lo que hay que controlar y cómo hacerlo.

TENER EN CONSIDERACIÓN

- Aprendizaje: ¿Cómo debe nuestra organización aprender e innovar para alcanzar sus objetivos?
- Procesos Internos: ¿En qué Procesos debemos ser excelentes?
- Clientes: ¿Qué necesidades de los Clientes debemos atender para tener éxito?
- Financiera: ¿Qué Objetivos Financieros debemos lograr para ser exitosos?

De modo previo al abordar la presentación del Cuadro de Mando, se debe resaltar una cuestión que es de gran importancia en relación a su contenido. Se trata del aspecto cualitativo de esta herramienta, ya que hasta el momento no se le ha prestado la importancia que se merece y, sobre todo, porque existen numerosos aspectos como por ejemplo el factor humano, cuyo rendimiento queda determinado por el entorno que le rodea en la propia organización, y estas son cuestiones que rara vez se tienen en cuenta.

CAPÍTULO 8:
LA CATEDRAL Y EL BAZAR

Ernesto Ivanovi Arreaga Carvajal

La catedral y el bazar es un ensayo a favor del software de código abierto escrito por el hacker Eric S. Raymond en 1997. Ha tenido dos secuelas tituladas: Colonizando la noosfera y El caldero mágico.

Temática

Analiza dos modelos de producción de software: la catedral representa el modelo de desarrollo más hermético y vertical característico del Software propietario y por otro lado el bazar, con su dinámica horizontal y "bulliciosa", que caracterizó al desarrollo del kernel Linux y otros proyectos de Software Libre que se potenciaron con el trabajo comunitario a través de Internet del código abierto.

Crítica

Algunos critican las confusiones y parcialidades del texto, como el cambio realizado del software libre (en inglés free software) a software abierto (en inglés open software). En inglés free puede significar tanto libre como gratis, y esto se presta a equívocos.

Lecciones enumeradas en La catedral y el bazar

El libro recopila una serie de lecciones aprendidas a partir de la experiencia que el autor comparte en el texto, en concreto:

1. Todo buen trabajo de software comienza a partir de las necesidades personales del programador (todo buen trabajo empieza cuando uno tiene que rascarse su propia comezón).
2. Los buenos programadores saben qué escribir. Los mejores, qué reescribir (y reutilizar).
3. "Considere desecharlo; de todos modos tendrá que hacerlo." (Fred Brooks, The Mythical Man-Month, Capítulo 11)
4. Si tienes la actitud adecuada, encontrarás problemas interesantes.
5. Cuando se pierde el interés en un programa, el último deber es darlo en herencia a un sucesor competente.
6. Tratar a los usuarios como colaboradores es la forma más apropiada de mejorar el código, y la más efectiva de depurarlo.

7. Libere rápido y a menudo, y escuche a sus clientes.

8. Dada una base suficiente de desarrolladores asistentes y beta-testers, casi cualquier problema puede ser caracterizado rápidamente, y su solución ser obvia al menos para alguien. O, dicho de manera menos formal, "con muchas miradas, todos los errores saltarán a la vista". A esto lo he bautizado como la Ley de Linus.

9. Las estructuras de datos inteligentes y el código burdo funcionan mucho mejor que en el caso inverso.

10. Si usted trata a sus analistas (beta-testers) como si fueran su recurso más valioso, ellos le responderán convirtiéndose en su recurso más valioso.

11. Lo mejor después de tener buenas ideas es reconocer las buenas ideas de sus usuarios. Esto último es a veces lo mejor.

12. Con frecuencia, las soluciones más innovadoras y espectaculares provienen de comprender que la concepción del problema era errónea.

13. "La perfección (en diseño) se alcanza no cuando ya no hay nada que agregar, sino cuando ya no hay nada que quitar."

14. Toda herramienta es útil empleándose de la forma prevista, pero una *gran* herramienta es la que se presta a ser utilizada de la manera menos esperada.

15. Cuándo se escribe software para una puerta de enlace de cualquier tipo, hay que tomar la precaución de alterar el flujo de datos lo menos posible, y ¡*nunca* eliminar información a menos que los receptores obliguen a hacerlo!

16. Cuando su lenguaje está lejos de un Turing completo, entonces el azúcar sintáctico puede ser su amigo.

17. Un sistema de seguridad es tan seguro como secreto. Cuídese de los secretos a medias.

18. Para resolver un problema interesante, comience por encontrar un problema que le resulte interesante.

19. Si el coordinador de desarrollo tiene un medio al menos tan bueno como lo es Internet, y sabe dirigir sin coerción, muchas cabezas serán, inevitablemente, mejor que una.

CAPÍTULO 9:
EL KNOW-HOW

Ernesto Ivanovi Arreaga Carvajal

Know how es una expresión inglesa usada en el mundo de la publicidad y el marketing para indicar que un profesional o una marca tiene experiencia en su campo y sabe realizar una tarea debido a que lleva mucho tiempo haciéndola. Su traducción literal es saber cómo, aunque sería mejor traducirla como saber hacer o mejor aún, conocimientos prácticos. Es por tanto opuesta a otras expresiones en inglés como know-why o know-what, relativas al conocimiento científico o teórico sobre un tema.

Usando esta expresión, se indica que alguien conoce como hacer las cosas por haberlas hecho previamente. Eso es muy importante sobre todo en campos como la informática, donde tener el conocimiento necesario no es exactamente lo mismo que poder llevarlo a la práctica. Por ejemplo, un programador con 20 años de experiencia, aunque sin estudios, puede decirse que tiene unos grandes conocimientos prácticos, o sea, un buen know how. Del mismo modo un recién licenciado puede tener escasos conocimientos prácticos y por tanto no ejecutar bien el mismo trabajo que el primer empleado.

El problema del know how es que es un conocimiento personal o de un equipo, y por tanto es muy difícil de transmitir a otras personas, y a veces no es interesante el hacerlo, pues muchos profesionales basan su éxito en conocimientos prácticos que los diferencian de sus rivales y les permiten destacar.

Fuera del ámbito personal, pero en esta línea, el término know how también se usa para referirse a los secretos, conocimientos, estrategias… que sólo un profesional, industria o empresa conoce, y que le permite realizar sus servicios o triunfar con sus productos. Así, por ejemplo, el know how de un gran vendedor puede ser su carisma, pero también sus estrategias de ventas, su cartera de clientes, entre otros.

El know how no tiene por qué ser algo intangible, sino que puede referirse a objetos en concreto (ejs: maquinaria, bases de datos), e incluso a cosas como patentes, un servicio exclusivo, una determinada logística… todo lo que no sea un conocimiento común en esa actividad y que lo diferencie del resto de competidores. En la industria o empresas el know how se asimila en ocasiones a la información confidencial y está protegido por las leyes de la competencia, siendo castigada su transferencia sin permiso como espionaje industrial. Muchos contratos entre empresas corresponden a intercambio o compra-venta de know how, entendido como un bien tangible y por tanto, valioso. No en vano el know how, el hacer mejor que otros una determinada cosa, puede suponer una gran ventaja sobre la competencia, y a la postre, el triunfo de un proyecto empresarial.

CAPÍTULO 10: ARQUITECTURA DE SOFTWARE

Ernesto Ivanovi Arreaga Carvajal

Debe ser muy común, escuchar en la actualidad acerca de la Arquitectura de Software y sobre el rol que cumplen los Arquitectos en la implementación de soluciones, pero conocemos de forma detallada ¿qué es la Arquitectura de Software?

En las próximas líneas estoy tratando de brindar un panorama resumido, pero a la vez detallado de la Arquitectura de Software.

Definamos primero, que el diseño de la Arquitectura de un Software es el proceso por el cual se define una solución para los requisitos técnicos y operacionales del mismo. Este proceso define qué componentes forman el software, cómo se relacionan entre ellos, y cómo mediante su interacción llevan a cabo la funcionalidad especificada, cumpliendo con los criterios previamente establecidos; como seguridad, disponibilidad, eficiencia o usabilidad.

Durante el diseño de la arquitectura se tratan tópicos que puedan provocar un impacto importante en el éxito o fracaso de nuestro software. Son esenciales realizar las siguientes interrogantes para cubrir este punto:

- ¿En qué entorno se desplegará nuestro software?
- ¿Cómo se pondrá en producción nuestro software?
- ¿Cómo utilizarán los usuarios nuestro software?
- ¿Existen requisitos adicionales que el software debe cumplir? (Por ejemplo: seguridad, rendimiento, concurrencia, configuración, disponibilidad, entre otros)
- ¿Cuáles serían los cambios sobre la arquitectura propuesta, que impactarían al software durante o después de desplegarse?

Para diseñar la arquitectura de un software es de vital importancia tomar en cuenta los intereses de los distintos agentes que participan. Estos, son los usuarios del software, el propio software y los objetivos del negocio. Cada uno de ellos establece requisitos y restricciones que deben tomarse en cuenta para el diseño de la arquitectura, los que en algún momento podrían entrar en conflicto.

Para los usuarios es importante que el software responda a la interacción de una forma fluida, mientras que para los objetivos del negocio es importante que el software cueste poco. Los usuarios pueden querer que se implemente primero una funcionalidad útil para su trabajo del día a día, mientras que el software puede tener prioridad en que se implemente la funcionalidad que permita definir su estructura.

He aquí, que el trabajo del arquitecto es delinear los escenarios y requisitos de calidad importantes para cada agente así como los puntos clave que debe cumplir y las acciones o circunstancias que no deben ocurrir.

El objetivo final de la arquitectura es identificar los requisitos que producen un impacto en la estructura del software y reducir los riesgos asociados con la construcción del mismo. La arquitectura debe soportar los cambios futuros del software, del hardware y de funcionalidad demandada por los clientes (que ocurren muy a menudo). Del mismo modo, es responsabilidad del arquitecto analizar el impacto de sus decisiones de diseño y establecer un compromiso entre los diferentes requisitos de calidad así como entre los compromisos necesarios para satisfacer a los usuarios, al software y los objetivos del negocio.

Finalmente, resumamos que la Arquitectura de Software debería poseer las siguientes capacidades:

- Mostrar la estructura del software, pero ocultando los detalles.
- Concebir y diseñar todos los casos de uso.
- Satisfacer en la medida de lo posible los intereses de los agentes.
- Ocuparse de los requisitos funcionales y de calidad.
- Determinar el tipo de software a desarrollar.
- Determinar los estilos arquitecturales que se usarán.
- Tratar las principales cuestiones transversales.

CAPÍTULO 11:
LA MERCADOTECNIA

Ernesto Ivanovi Arreaga Carvajal

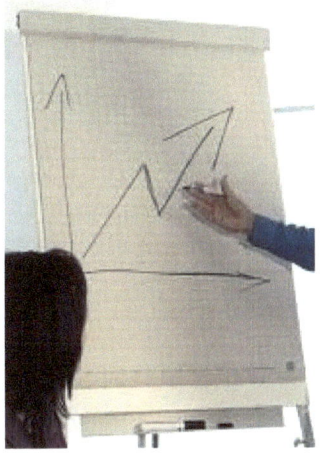

La mercadotecnia o marketing consiste en un conjunto de principios y prácticas que se llevan a cabo con el objetivo de aumentar el comercio, en especial la demanda.

El concepto también hace referencia al estudio de los procedimientos y recursos que persiguen dicho fin.

La mercadotecnia implica el análisis de la gestión comercial de las empresas. Su intención es retener y fidelizar a los clientes actuales que tiene una organización, mientras que intenta sumar nuevos compradores.

Las técnicas y metodologías de la mercadotecnia intentan aportar las herramientas necesarias para conquistar un mercado.

Para eso deben atender a las cuestiones conocidas como las Cuatro P: Producto, Precio, Plaza (referido a la distribución) y Publicidad (o promoción).

La mercadotecnia pretende posicionar un producto o una marca en la mente de los consumidores.

Para eso, parte de las necesidades del cliente para diseñar, ejecutar y controlar las actividades de comercialización de una empresa.

Las campañas de marketing suponen una inversión en la relación de la empresa con sus clientes, proveedores y hasta con sus propios empleados. También pueden incluir publicidades en los medios de comunicación. Por lo tanto, las acciones de mercadotecnia pueden ser consideradas desde un punto de vista de la rentabilidad a corto o a largo plazo.

Los especialistas afirman que la mercadotecnia puede tener distintas orientaciones: al mercado (para adaptar las necesidades de un producto a los requerimientos del consumidor), a las ventas (su intención es aumentar la participación de la empresa en el mercado) o al producto (en los casos en que la empresa ya monopoliza el mercado y su atención sólo se centra en la mejora del proceso productivo).

CAPÍTULO 12:
GESTIÓN POR PROCESOS

La gestión por procesos.

Las empresas y organizaciones son tan eficientes como lo son sus procesos, la mayoría de éstas que han tomado conciencia de lo anteriormente planteado han reaccionado ante la ineficiencia que representa las organizaciones departamentales, con sus nichos de poder y su inercia excesiva ante los cambios, potenciando el concepto del proceso, con un foco común y trabajando con una visión de objetivo en el cliente.

La Gestión por Procesos puede ser conceptualizada como la forma de gestionar toda la organización basándose en los Procesos, siendo definidos estos como una secuencia de actividades orientadas a generar un valor añadido sobre una entrada para conseguir un resultado, y una salida que a su vez satisfaga los requerimientos del cliente.

El enfoque por proceso se fundamenta en:

- La estructuración de la organización sobre la base de procesos orientados a clientes.
- El cambio de la estructura organizativa de jerárquica a plana.
- Los departamentos funcionales pierden su razón de ser y existen grupos multidisciplinarios trabajando sobre el proceso.
- Los directivos dejan de actuar como supervisores y se comportan como apocadores.
- Los empleados se concentran más en las necesidades de sus clientes y menos en los estándares establecidos por su jefe.
- Utilización de tecnología para eliminar actividades que no añadan valor.

Las ventajas de este enfoque son las siguientes:

- Alinea los objetivos de la organización con las expectativas y necesidades de los clientes.
- Muestra cómo se crea valor en la organización.
- Señala cómo están estructurados los flujos de información y materiales.
- Indica cómo realmente se realiza el trabajo y cómo se articulan las relaciones proveedor cliente entre funciones.

En este sentido el enfoque en proceso necesita de un apoyo logístico, que permita la gestión de la organización a partir del estudio del flujo de materiales y el flujo informativo asociado, desde los suministradores hasta los clientes.

La orientación al cliente, o sea brindar el servicio para un determinado nivel de satisfacción de las necesidades y requerimientos de los clientes, representa el medidor fundamental de los resultados de las empresas de servicios, lo cual se obtiene con una eficiente gestión de aprovisionamiento y distribución oportuna respondiendo a la planificación de proceso.

Conceptos básicos

Los términos relacionados con la Gestión por Procesos, y que son necesarios tener en cuenta para facilitar su identificación, selección y definición posterior son los siguientes:

- *Proceso:* Conjunto de recursos y actividades interrelacionados que transforman elementos de entrada en elementos de salida. Los recursos pueden incluir personal, finanzas, instalaciones, equipos, técnicas y métodos.

- **Proceso relevante:** es una secuencia de actividades orientadas a generar un valor añadido sobre una entrada, para conseguir un resultado que satisfaga plenamente los objetivos, las estrategias de una organización y los requerimientos del cliente. Una de las características principales que normalmente intervienen en los procesos relevantes es que estos son interfuncionales, siendo capaces de cruzar verticalmente y horizontalmente la organización.

- *Procesos clave:* Son aquellos procesos extraídos de los procesos relevantes que inciden de manera significativa en los objetivos estratégicos y son críticos para el éxito del negocio.

- *Subprocesos:* son partes bien definidas en un proceso. Su identificación puede resultar útil para aislar los problemas que pueden presentarse y posibilitar diferentes tratamientos dentro de un mismo proceso.

- *Sistema:* Estructura organizativa, procedimientos, procesos y recursos necesarios para implantar una gestión determinada, como por ejemplo la gestión de la calidad, la gestión del medio ambiente o la gestión de la prevención de riesgos laborales. Normalmente están basados en una norma de reconocimiento internacional que tiene como finalidad servir de herramienta de gestión en el aseguramiento de los procesos.

- *Procedimiento:* forma especifica de llevar a cabo una actividad. En muchos casos los procedimientos se expresan en documentos que contienen el objeto y el campo de aplicación de una actividad; qué debe hacerse y quién debe hacerlo; cuándo, dónde y cómo se debe llevar a cabo; qué materiales, equipos y documentos deben utilizarse; y cómo debe controlarse y registrarse.

- *Actividad:* es la suma de tareas, normalmente se agrupan en un procedimiento para facilitar su gestión. La secuencia ordenada de actividades da como resultado un subproceso o un proceso. Normalmente se desarrolla en un departamento o función.

- *Proyecto:* suele ser una serie de actividades encaminadas a la consecución de un objetivo, con un principio y final claramente definidos. La diferencia fundamental con los procesos y procedimientos estriba en la no repetitividad de los proyectos.

- *Indicador:* es un dato o conjunto de datos que ayudan a medir objetivamente la evolución de un proceso o de una actividad.

CAPÍTULO 13:
TEORÍA GENERAL DE SISTEMAS, EL TODO, LA SINERGIA Y EL TRABAJO EN EQUIPO

Ernesto Ivanovi Arreaga Carvajal

Y concluyo con este grandioso libro, escrito de forma maravillosa por mí. Así es, este libro aunque es grandioso, no llega ni a la décima parte de lo grandioso que yo soy.

Y sí, sé que ustedes al leer esto han quedado totalmente maravillados por mi vasta modestia. Pero debo informarles que antes era modesto, y ese era mi único defecto, porque con eso dejaba de ser totalmente sincero, ahora que ya no soy modesto, no tengo defectos y estoy de acuerdo con ustedes: ¡soy lo máximo!

Bueno, ya sin bromas, me gusta este capítulo porque el tema del TODO me encanta. La clave es actuar como un todo, como EL TODO.

También el TRABAJO EN EQUIPO, es algo que admiro mucho y a estas alturas de mi vida he querido lograrlo, pero no se ha podido. Muchos dirán que es culpa mía, pero esto es como dice un proverbio sobre la amistad: "La amistad es un esfuerzo doble: el tuyo y el mío".

Me atrevo a decir que en toda mi vida, mis logros han sido individuales, y eso que he decidido pasar muchas etapas en el anonimato y siendo perfil bajo. Cuando he querido funcionar en grupo así sea de dos o más personas, ha resultado en fracaso. Es decir, en pareja también ha sido todo un fracaso, y con esto aprovecho a decir, que hasta para las relaciones de pareja los conceptos del TRABAJO EN EQUIPO y del TODO serían la fórmula precisa para lograr el éxito.

En grupo, reitero, así sea de dos miembros, como la pareja, aflora un conjunto de actitudes indeseables que se resumen en ego. Un ejemplo de esto, es en los grupos musicales, que al no querer alguien ser subestimado y relegado, aflora la vanidad y todos quieren destacar por encima del otro. Por eso alguien me comentó una vez que en su estadía por Estados Unidos vio un anuncio en el que se buscaba un cantante para ensayar tales días y al final del anuncio habían puesto enfáticamente: NO EGO PLEASE!

Otro ejemplo, son los equipos de fútbol, en un tiempo el Real Madrid tenía a todos los mejores jugadores del mundo: Zidane, Ronaldo, Raúl, Figo, Beckham, Roberto Carlos, entre otros. Estos jugadores individualmente lograron muchas distinciones; pero llegó una etapa que jugando juntos no pudieron lograr algo.

En cambio, el Barcelona, teniendo a grandes jugadores, siendo el principal Lionel Messi, en unos tiempos dirigidos por Guardiola, lograron todos los campeonatos. Grandes jugadores como Iniesta, Messi, Eto'o, Alves y otros más, lograron esos títulos con el Barcelona, y lo más probable es porque funcionaron en grupo, porque trabajaron en equipo. Porque no hubo la envidia ni la idea de querer destacar más que el otro.

Siendo justo, aunque no fue una relación de pareja, pero si fuimos un grupo de dos, un dúo, fue con mi papá. Mi mamá dice que soy el que más se parece a él. Esto hizo que compartiéramos mismos intereses, entre ellos, las ciencias exactas: las matemáticas, la física; las ciencias naturales, así como también las ciencias sociales: filosofía, política, gramática y oratoria; los deportes: el fútbol y el ajedrez; las artes: la música, sobre todo la guitarra, el requinto, los boleros, los valses y los pasillos. Funcionamos en equipo, así sea que no todo el mundo lo haya palpado. Eso fue principalmente antes de mis 18 años. Antes de esa edad mis dos grandes pasiones fueron el fútbol y la guitarra. Ahora que ya tengo más años caigo en cuenta que mi papá siendo mi papá, siendo mayor que yo, sabiendo más cosas que yo y teniendo más experiencias, se dejaba guiar por mis talentos y no se ponía a buscarle la quinta pata al gato. He ahí la reflexión, por eso pudimos lograr nuestros objetivos así sea para consumo personal, para satisfacción personal. Y lógicamente cuando yo veía que había algo que no estaba yo preparado y mi papá asumía el rol de dirigir, yo serena y armoniosamente me dejaba guiar por él. Era algo espontáneo. La pasamos muy bien. Claro está que tenía casi el mismo temperamento de él, con la cuestión de que suelo yo ser por momentos muy pero muy relajado y a veces algo frío.

Mi papá en los pasatiempos era más apasionado y eufórico. Yo más bien era una mezcla algo rara, algo fuera de lo común. Por momentos, podía ser muy temperamental, muy apasionado, muy enérgico; pero en otros era muy sereno, muy frío, como si no tuviera emociones de ningún tipo. Eso es lo que me convertía y me convierte aún en alguien muy impredecible.

Por esa diferencia, también tuvimos en un tiempo desacuerdos y peleas. Las cosas se podían haber manejado de mejor forma. Algunas de esas cosas sólo se aprenden con el tiempo. Aunque por eso menciono mucho a la eficiencia. Sé que la diferencia en todo lo que hagas es si llegas a conseguir resultados o no.

Pero después de que consigues los resultados la diferencia está en la eficiencia. Es cierto que de errores se aprende. Es muy cierto que en la tecnología y el progreso, los grandes descubrimientos se han logrado después de sucesivos y múltiples errores.

Pero yo veo un error en esa concepción sobre los errores. El concebir el éxito de esa forma te condiciona al error. Te conduce a pensar que sólo puedes lograr el éxito después del error. Cuando es posible que logres el éxito sin haber cometido errores. No hay que mortificarse por los errores. De niño para poder hablar primero me equivocaba al hablar. De niño antes de poder caminar caí algunas veces. Pero aún así no me defino ni me determino con base al error. No estoy condicionado al error, no me predispongo al error. Y esa forma de vivir la tienen algunos profesionales informáticos y no informáticos: el vivir predispuestos y condicionados al error antes de lograr algo. El éxito sin cometer errores también es posible, y aunque en algún momento te equivoques, el estar predispuesto a equivocarte lo menos posible te conducirá a un gran nivel de eficiencia.

Pero aquella vez no supimos manejar las cosas de la mejor forma. Esos desacuerdos provocaron un cierto distanciamiento. Eso fue un error, pero forma parte de la vida. Sé que todos quieren divertirse y no sufrir. Sé que todos queremos divertirnos y no sufrir. Y sé que por eso la gente prefiere buscar el placer y evitar el dolor. Algo que parece lógico y saludable, pero algunas doctrinas y conocimientos, sobre todo de tipo esotérico te dirán que no puedes obtener placer sin conseguir dolor. Yo voy a lo práctico y lo lógico. Para mí la vida no es un parque de diversiones donde tienes que buscar estar feliz a cada instante. Para mí la vida es un aula de clases donde tienes que buscar aprender a cada instante, incluso para divertirte. A la larga termina siendo un aula de clases, porque si has buscado que sea un parque de diversiones, debió haber llegado un momento en el que por haberte divertido en forma desmedida o por haberlo hecho sin calcular lo que pasaría, debiste haber sufrido y terminaste aprendiendo una lección. Por orgullo puedes negarlo, puedes engañar a los demás y decir que no, pero eso sería engañarte a ti mismo. Tú sabes que es así. Es decir, estuviste en el aula de clases. La diferencia radica es en que aprendas esa lección a las buenas o a las malas. Como siempre, en síntesis, la decisión de cómo vivir la vida, es de cada quien. Hasta en eso le veo que hay que ser eficientes. La vida también la suelo ver como si fuera un negocio. Al final del ejercicio cuando tienes las utilidades, puedes coger las ganancias y gastártelas todas; vivir sólo un día y disfrutar todo lo que puedas sin planificar nada, sin pensar en lo que pasará. Y al día siguiente padecer porque ya no tienes ni un centavo. No sé, algunos se consuelan diciendo que por lo menos lo disfrutaron, pero yo creo que siempre quieren más diversión pero ya no pueden porque se gastaron todo.

Lo eficiente es destinar dinero para diversión y destinar otro dinero para seguir con el negocio, para que de esta forma siga habiendo dinero suficiente. Eso en términos generales, porque no sólo se aplica al dinero, se aplica a todas las cosas que tengas en la vida, incluyendo tu tiempo. Debido a eso, es mejor saber tomar decisiones.

En la vida siempre hay roces y desacuerdos. Y éstos producen conflictos. Para resolver conflictos de cualquier tipo, se requiere que ambas partes cedan.

No se resuelve el conflicto, si ninguno cede, o si cede sólo una parte. Tienen que ceder ambas partes. Esto es algo tan simple pero que serviría de mucho en la vida de pareja; además de que sería lo justo y lo menos egoísta.

Entonces un elemento que perjudica el TRABAJO EN EQUIPO es el ego.

13.1 TEORÍA GENERAL DE SISTEMAS

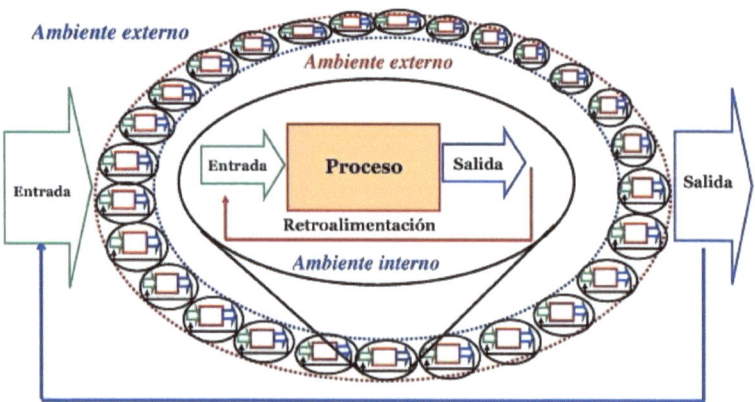

http://www.elblogsalmon.com

Aunque la Teoría General de Sistemas (TGS) puede remontarse a los orígenes de la ciencia y la filosofía, sólo en la segunda mitad del siglo XX adquirió tonalidades de una ciencia formal gracias a los valiosos aportes teóricos del biólogo austríaco Ludwig von Bertalanffi (1901-1972). Al buscar afanosamente una explicación científica sobre el fenómeno de la vida, Bertalanffi descubrió y formalizó algo que ya había intuido Aristóteles y Heráclito; y que Hegel tomó como la esencia de su Fenomenología del Espíritu: Todo tiene que ver con todo.

Corrían los años 50, y ya Julian Huxley (el hermano de Aldous) había desarrollado sus conceptos sobre la síntesis evolutiva moderna y Francis Crick y James Watson avanzaban en su trabajo sobre la estructura helicoidal del ADN. Por eso que el ambicioso programa de investigación de Ludwig von Bertalanffi buscaba responder a la pregunta central de la biología: ¿qué es la vida? Por su carácter globalizado y "abierto" Bertalanffi no pudo dar respuesta a esta pregunta crucial, pero se acercó a su resolución con ideas que transformaron radicalmente nuestra visión del mundo: el todo es más que la suma de sus partes; el todo determina la naturaleza de las partes; las partes no pueden comprenderse si se consideran aisladas del todo; las partes están dinámicamente interrelacionadas o son interdependientes. La Teoría General de Sistemas contiene la paradoja de ser uno de los ámbitos más apasionantes de la ciencia moderna, y también, uno de los más incomprendidos.

Bertalanffi no pudo responder a la pregunta que lo intrigaba y que permanecía sin respuesta en todos los libros y manuales de biología. Pero su investigación marcó un salto cualitativo en la comprensión y desarrollo de la teoría de sistemas, entendiendo por sistema a un conjunto de elementos que funciona como un todo. Por ejemplo, cada órgano del cuerpo humano afecta su funcionamiento global; y el sistema digestivo es bastante diferente al sistema nervioso o al sistema endocrino, pero no hay parte alguna que tenga un efecto aislado del todo. Ninguno de estos subsistemas es totalmente independiente. Ni el sistema circulatorio ni el sistema linfático pueden funcionar de manera aislada, porque entonces no forman un ser vivo.

13.2 EL TODO Y SUS PARTES

Los logros de Bertalanffi tuvieron el gran mérito de apuntar al todo y sus partes. Para comprender el funcionamiento de un cuerpo es necesario comprender el funcionamiento de sus partes, y su rol en el desempeño global. Así como el sistema digestivo y el sistema endocrino son cruciales para la salud del cuerpo humano, así también la ingeniería o las ciencias políticas son cruciales para comprender a la sociedad. Este elemento fue el que sacó a Bertalanffi de los ejes biológicos, y lo trasladó al terreno de las organizaciones. Bertalanffi demostró que las organizaciones no son entes estáticos y que las múltiples interrelaciones e interconexiones les permiten retroalimentarse y crecer en un proceso que constituye su existir. En el continuo de aprendizaje y retroalimentación que mejora las salidas y entradas y perfeccionan el proceso, Bertalanffi desentrañó la vida de las organizaciones. Muchos autores continuaron con esta línea de trabajo y Peter Senge en su idea de aprendizaje continuo es uno de sus más connotados discípulos.

Por eso que fue en el campo organizacional donde las teorías de Bertalanffi lograron sus mayores éxitos. El enfoque sistémico permitió comprender a una organización como un conjunto de subsistemas interactuantes e interdependientes que se relacionan formando un todo unitario y complejo. Cada sistema, subsistema y subsubsistema desarrolla una cadena de eventos que parte con una entrada y culmina con una salida. Lo que ocurre entre la entrada y la salida constituye la esencia del subsistema y se conoce como proceso o caja negra. Círculo interno de la gráfica.

Las entradas son los ingresos del sistema y pueden ser recursos materiales, recursos humanos o información. Constituyen la fuerza de arranque de cada subsistema dado que suministran las necesidades operativas. Una entrada puede ser la salida o el resultado de otro subsistema anterior. En este caso existe una vinculación directa. Por ejemplo: bosque → aserradero → depósito de maderas → fábrica → producto final. Nótese que el tratamiento de cada una de las etapas requiere distintos planos organizativos y que todos los productos finales que nos rodean (una mesa o una silla) es el resultado de una cadena de eventos articulados por la acción humana.

El proceso es lo que transforma una entrada en salida, como tal puede ser una máquina, un individuo, un programa, una tarea. En la transformación se debe tener en cuenta cómo se realiza la transformación.

Cuando el resultado responde plenamente al diseño del programa tenemos lo que se conoce como caja blanca; en otros casos, no se conoce en detalle cómo se realiza el proceso dado que éste es demasiado complejo. En este caso tenemos lo que se conoce como "caja negra".

Las salidas de los sistemas son los resultados de procesar las entradas. Estas pueden adoptar las formas de productos, servicios o información, y ser la entrada de otro subsistema. Por ejemplo: trigo →molino →harina →panadería →pan. La harina es el producto final del molino, pero es la materia prima (entrada) de la panadería. En la teoría de sistemas, es muy normal que la salida de un sistema sea la entrada de otro, que la procesará para convertirla en otra salida, en un ciclo continuo (círculo exterior de la gráfica). De ahí que para Bertalanffi la teoría de sistemas tenga una fuerte vinculación con las leyes de la termodinámica.

13.3 SINERGIA Y HOMEOSTASIS

El gran mérito de la Teoría General de Sistemas es brindar una lógica a los esquemas conceptuales conocidos bajo el nombre de enfoques analítico mecánicos. Si la TGS es una teoría aún joven en aplicación y divulgación se debe a que los procesos inducidos por el racionalismo son deterministas y perfectos, ciegos al entorno. Para el racionalismo cartesiano no existen conceptos como la sinergia (el todo es mayor que la suma de sus partes) u homeostasis (nivel de respuesta y de adaptación al cambio). En economía, los modelos de desarrollo hablan de globalización, pero no toman en cuenta los efectos de la globalización dado que no consideran las leyes de la termodinámica, o los efectos del calentamiento global y el agotamiento de los recursos.

La característica del enfoque sistémico de Bertalanffi es que se trata de sistemas abiertos, procesadores de insumos de entrada que originan resultados y que en este proceso experimentan cambios y se autotransforman. Se trata de un proceso continuo que promueve el feed-back o la retroalimentación, para el mejoramiento continuo. De ahí su éxito de cara a la visión organizacional y la maximización de sus subsistemas. Al tratarse de sistemas abiertos, son permeables a los cambios y al aprendizaje que se induce en la acción práctica.

Justamente la noción de sistema abierto fue lo que impidió a Bertalanffi acercarse a desentrañar el fenómeno de la vida. Y es que los seres vivos son sistemas cerrados, que poseen dentro de sí mismos la capacidad de generar vida. Por eso que la respuesta a ¿qué es la vida? debió esperar hasta 1971 cuando los biólogos chilenos Humberto Maturana y Francisco Varela desarrollaron la noción de autopoiesis, es decir, la capacidad del organismo vivo para autorreproducirse. Bertalanffi no dio respuesta a "¿qué es la vida?" pero desentrañó el gran misterio de la vida de las organizaciones con su Teoría General de Sistemas.

13.4 TRABAJO EN EQUIPO

Hay mucho que decir acerca del trabajo en equipo. Pero todo se resume en este discurso que realiza Al Pacino haciendo el papel de un entrenador de fútbol americano en la película Any Given Sunday:

"No sé qué decir realmente, tres minutos para la mayor batalla de nuestras vidas profesionales. Todo llega hasta hoy. O sanamos como un equipo, o vamos a desmenuzarnos.

Pulgada por pulgada, jugada por jugada, hasta que hayamos terminado.

Estamos en el infierno ahora, caballeros, créanme, y podemos quedarnos aquí, y que nos saquen la mierda, o podemos luchar por nuestra vía de vuelta hacia la luz. Podemos escalar del infierno, una pulgada a la vez.

Ahora, yo no puedo hacerlo por ustedes, estoy muy viejo. Miro alrededor y veo estos rostros jóvenes y pienso... Quiero decir, he hecho cada mala elección que un hombre de mediana edad puede hacer: Yo... yo derroché todo mi dinero, aunque no lo crean, espanté a todo aquel que me ha amado y últimamente, ni siquiera puedo soportar la cara que veo en el espejo.

¿Saben? Cuando uno se vuelve viejo en la vida las cosas te las van quitando. Eso es parte de la vida.

Pero sólo aprendes eso cuando empiezas a perder cosas. Te das cuenta que la vida es solo un juego de pulgadas. Y también lo es el Football. Porque ya sean en la vida o en el football, el margen de error es tan pequeño, quiero decir... medio paso muy tarde o muy temprano y no lo logras. Medio segundo muy lento o muy rápido y no la atrapas. Las pulgadas que necesitamos están por todas partes a nuestro alrededor. Están en cada pausa del juego, en cada minuto, en cada segundo.

En este equipo, nosotros luchamos por esa pulgada.

En este equipo, nos partiremos en pedazos, y a todo el que esté a nuestro alrededor, por esa pulgada. Nos arrastramos con las uñas por esa pulgada. Porque sabemos que cuando acumulemos todas esas pulgadas, eso va a hacer la

PUTA DIFERENCIA ENTRE GANAR Y PERDER, ENTRE VIVIR Y MORIR.

Les diré esto, en cualquier lucha es el hombre que está dispuesto a morir, el que va a ganar esa pulgada.

Y yo sé, que si estoy dispuesto a tener una vida es porque todavía estoy dispuesto a luchar y morir por esa pulgada, porque ESO ES LO QUE SIGNIFICA VIVIR, LAS SEIS PULGADAS AL FRENTE DE TU CARA.

Ahora, yo no puedo obligarlos a hacerlo, tienen que mirar al hombre que tienen a su lado, mirarlo a los ojos, y yo creo que van a ver a un hombre que está dispuesto a recorrer esa pulgada con ustedes. Van a ver a un hombre que está dispuesto a sacrificarse por este equipo porque él sabe que cuando llegue el momento, ustedes harán lo mismo por él.

Eso es un equipo, caballeros, y, O SANAMOS AHORA, COMO UN EQUIPO, o vamos a morir como individuos.

Eso es football, chicos. Es todo lo que es.

Y Ahora. ¿Qué es lo que van a hacer?"

CONCLUSIONES

Ernesto Ivanovi Arreaga Carvajal

He mencionado un conjunto de conocimientos que son muy útiles para sacarle el máximo provecho a la información. Para cada escenario se puede emplear uno o más de estos conocimientos.

Es preciso tener una cosmovisión del entorno para decidir de la mejor forma. Eso ya sería la habilidad de cada individuo para responder ante cualquier situación.

Los problemas siempre pueden surgir y los requerimientos aparecer de forma constante.

Por lo general aunque parezca mentira, en el mismo problema está la solución. En ocasiones las peores adversidades ofrecen las mejores oportunidades.

Es así que lo recomendable es que saquen a relucir las destrezas para resolver problemas y satisfacer requerimientos. Lo cual sería un arte.

La combinación armoniosa de ciencia y arte es maravillosa. El equilibrio entre ciencia y arte es una estrategia poderosa para alcanzar el triunfo.

Por eso siempre he concebido que la asociación entre técnica y talento es la clave para lograr los objetivos.

Puedes tener talento musical pero si no sabes cómo aplicar las técnicas o si de plano no conoces las técnicas y los métodos, entonces por más que te esfuerces tu rendimiento será deficiente.
Entonces la fórmula precisa consiste en tener presente todos estos conocimientos más la visión y el enfoque para aplicarlos en el momento adecuado y de la forma adecuada.

Sacar el máximo provecho a la información es posible cuando se tienen en cuenta todos los elementos que intervienen en la generación, transmisión y aplicación de la misma a los objetivos trazados.

Les deseo muchos éxitos en sus planes y que sea una aventura de destreza y convicción.

Ernesto Ivanovi Arreaga Carvajal

BIBLIOGRAFÍA

Ernesto Ivanovi Arreaga Carvajal

http://www.siainternational.com/articles/11.htm

http://www.monografias.com/trabajos27/organizacion-empresas/organizacion-empresas.shtml

http://es.kioskea.net/contents/602-itil-biblioteca-de-infraestructuras-de-tecnologias-de-informaci

http://www.bitcompany.biz/que-es-cobit/#.Us4VYPQW2So

http://togafencastellano.blogspot.com/

http://definicion.de/ingenieria-de-software/

http://www.emprendepyme.net/que-es-el-clima-laboral.html

http://www.valorhumano.com.mx/index.php?option=com_content&view=article&id=70

http://www.monografias.com/trabajos76/balanced-scorecard/balanced-scorecard.shtml

http://es.wikipedia.org/wiki/La_catedral_y_el_bazar

http://www.mastermagazine.info/termino/5520.php

http://www.ucci.edu.pe/blog/ingenieria_sistemas/?p=34

http://definicion.de/mercadotecnia/

http://www.monografias.com/trabajos10/hotel/hotel.shtml

http://armandohistorias.blogspot.com/2008/02/hace-algn-tiempo-un-amigo-mo-fantico-de.html

www.ingramcontent.com/pod-product-compliance
Lightning Source LLC
Chambersburg PA
CBHW040903180526
45159CB00010BA/2915